钢铁企业副产煤气系统
优化调度研究

孔海宁 著

中国财经出版传媒集团

经济科学出版社
Economic Science Press

图书在版编目（CIP）数据

钢铁企业副产煤气系统优化调度研究/孔海宁著.
—北京：经济科学出版社，2016.7
ISBN 978 - 7 - 5141 - 7147 - 1

Ⅰ.①钢…　Ⅱ.①孔…　Ⅲ.①钢铁企业 - 副产品 -
煤气 - 生产调度 - 系统优化 - 研究　Ⅳ.①TF089

中国版本图书馆 CIP 数据核字（2016）第 179159 号

责任编辑：刘　莎
责任校对：隗立娜
责任印制：邱　天

钢铁企业副产煤气系统优化调度研究

孔海宁　著

经济科学出版社出版、发行　新华书店经销
社址：北京市海淀区阜成路甲 28 号　邮编：100142
总编部电话：010 - 88191217　发行部电话：010 - 88191522
网址：www. esp. com. cn
电子邮件：esp@ esp. com. cn
天猫网店：经济科学出版社旗舰店
网址：http://jjkxcbs. tmall. com
北京汉德鼎印刷有限公司印刷
三河市华玉装订厂装订
710 × 1000　16 开　12 印张　210000 字
2016 年 7 月第 1 版　2016 年 7 月第 1 次印刷
ISBN 978 - 7 - 5141 - 7147 - 1　定价：48.00 元
（图书出现印装问题，本社负责调换。电话：010 - 88191502）
（版权所有　侵权必究　举报电话：010 - 88191586
电子邮箱：dbts@ esp. com. cn）

前　　言

　　钢铁行业是我国支柱型产业，近年来在国家政策的拉动下发生了飞速发展。同时，它也是能源密集型产业，消耗的能源占全国能源总消耗量的15%。因此，如何提高能源利用效率、降低能源浪费成为钢铁企业一个亟待解决的问题。其中副产煤气的综合利用是节能降耗的关键突破口。

　　副产煤气是钢铁企业在生产过程中产生的重要二次能源，占钢铁企业总能源消耗的30%，其优化调度对于整个企业节能降耗发挥重大作用。但是，目前关于副产煤气优化调度的研究还处于起步阶段，因此对该课题的研究意义更加重大。

　　在此背景下，本书以钢铁企业副产煤气系统为研究对象，对其优化调度建模进行了深入研究，并将建立的优化模型应用于我国 K 钢铁企业，达到了降低钢铁企业能源消耗、减少生产成本的目的。主要研究成果包括以下几方面内容：

　　（1）在对钢铁企业副产煤气系统进行深入、详细描述分析的基础上，提出了适用于钢铁企业副产煤气系统的"三系统两层面"框架。"三系统"是指根据副产煤气的工艺流程，把整个副产煤气系统划分成三个相互关联的子系统，分别定义为存储系统、产消系统和转化系统。其中产消系统中的用户根据它们消耗煤气的不同特点分为两大类。第一类是只消耗某一种煤气的用户，这类用户的煤气消耗量无法人为进行优化调度；第二类是可以混烧两种以上煤气或者其他燃料的用户，这类用户和存储系统、转化系统的用户构成的集成系统是本研究优化调度的对象。"两层面"是指在对系统建立优化调度模型的目标函数中，要综合考虑显性成本和隐性成本两方面因素。

（2）针对三种副产煤气的发生机理复杂、影响因素众多的特点，选取 ARMA 时间序列模型对三种煤气的产生量进行建模预测，通过算例分析验证，得到了较高的预测精度。用此模型的预测结果作为优化系统的输入值。

（3）对产消系统中只消耗某一种煤气用户的消耗量进行建模预测。根据消耗用户的不同特点将其分为四类。分别采用时间序列方法、基于 Levenberg – Marquardt（LM）算法的 BP 神经网络方法、平滑指数法和线性回归法对其消耗的煤气量进行建模预测，通过算例分析验证，得到了较高的预测精度。用此模型的预测结果作为优化系统的输出值。

（4）建立了钢铁企业副产煤气系统动态优化调度模型。选取副产煤气系统生产成本最小化为目标函数，充分考虑影响副产煤气系统生产成本的所有因素，包括外购燃料成本、副产煤气的放散成本、副产煤气柜煤气量波动成本以及锅炉操作成本等；以物料守恒、能量守恒、设备操作要求等作为约束条件；采用混合整数线性规划模型建模，对副产煤气系统进行优化调度。实证分析中，将建立的优化模型应用我国 K 钢铁企业，节省30%的生产成本。

（5）将环境成本引入到副产煤气系统优化调度模型中，

建立了基于环境成本的钢铁企业副产煤气系统绿色优化调度模型。模型在考虑生产成本的基础上，综合考虑了副产煤气放散、燃烧排放和外购燃料燃烧排放所带来的环境成本。实证分析中，将基于环境成本的绿色优化调度模型与第6章优化模型对比，总成本节约了1.3%。

最后，对本书的研究所取得的成果进行了总结，并对本领域未来的研究方向进行了展望。

目　　录

第 1 章

绪　　论

1.1　选题背景及研究意义

1.1.1　我国能源消耗发展

我国自从 1979 年实施改革开放政策以来，国民经济得到了快速发展，国内生产总值（GDP）年平均增长率接近 10%。2010 年我国 GDP 达到 39.8 万亿元，已经超越日本，成为世界第二经济大国。伴随着经济的飞速发展，我国能源消耗也逐年增加，2014 年成为世界第一大能源消耗国[1]。图 1 – 1 是我国 1980 ~ 2013 年一次能源消耗总量图。从中可以发现，1980 ~ 2013 年我国能源消耗量从 6.0 亿吨标准煤增加到 38.5 亿吨标准煤。尤其是从 2002 年以来，能源消耗增加十分明显。同时，我国的百万美元 GDP 能耗比世界平均水平高很多，和世界先进国家差距非常明显。2012 年，我国单位 GDP 能耗是世界平均水平的 2.5 倍、美国的 3.3 倍、日本的 7 倍，同时高于巴西、墨西哥等发展中国家[2]。通过以上数据可以看出，能源消耗量巨大是限制我国经济发展的最大瓶颈。节能降耗，实现可持续发展是我国经济发展的必由之路。

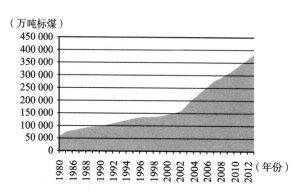

（万吨标煤）

图 1 – 1　中国一次能源消费总量（1980 ~ 2013 年）

资料来源：国家统计局.

1.1.2　钢铁企业能源消耗发展

钢铁工业是我国最重要的基础工业，是国民经济的支柱产业之一，近几年在需求拉动和国家政策支持下得到了快速发展。我国粗钢产量连续数年位居世界第一，2014 年已达 8.227 亿吨。与此同时，钢铁产业一直是我国能源消耗大户。近年来，虽然通过结构调整和技术进步，在节能降耗、减少污染物排放方面取得了显著成效，但由于年钢产量持续高速增长，资源消耗和污染物排放总量仍呈增长趋势。数据显示，钢铁产业消耗的能源占全国工业部门能源消费总量的 20%，占全国能源总消耗量的 15%。2013 年我国重点钢铁企业能耗总量为 2.86 亿吨标准煤，比 2009 年增长约 20%[1,2]。与具有国际领先水平的日本钢铁企业相比，我国吨钢平均能耗高出 15%；在吨钢生产成本中能源成本所占比例方面，我国企业的平均水平在 30% 左右，部分企业甚至超过了 40%，而日本大型钢铁企业的比例在 14% ~ 16%[3,4]。由此可以看出我国钢铁企业节能工作已是处于十分严峻的态势。针对我国钢铁工业普遍存在平均能源效率低、各企业能源消耗水平发展不平衡、能源浪费严重等状况。我国冶金部向全国钢铁企业下发了能源调查报告，把钢铁企业节能降耗放在了重要战略位置。如何提高能源利用效率、节约资源已经成为发展钢铁工业的重要任务之一。其不仅有利于降低生产成本，提高企业市场竞争力，增加企业经济效益，也有利于环境保护和可持续发展。

1.1.3　钢铁企业节能降耗途径

目前我国各大钢铁企业对于节能降耗十分重视，积极采取措施来解决能耗过大的问题，归纳起来主要包括三个方面：

1. 提高现有设备和工艺技术水平（例如提高设备热效率）

2. 采用各种新技术提高能源的二次利用（例如余热余压发电）

3. 加强企业能源管理水平，建立自动化能源优化调度系统（例如建立副产煤气优化调度系统）

目前来看，随着我国钢铁企业科学技术水平不断进步，设备不断改造升级，前两个方面与世界先进国家水平相差不大。而真正与世界先进国家的差距主要在能源管理水平。虽然我国各大钢铁企业均设有能源中心，但更多的职能是进行能源结算。目前我国各大钢铁企业还没有完善的能源优化调度体系，能源调度还是采用人工凭经验调度，存在严重的滞后性，导致大量能源浪费。其中最为明显就是副产煤气系统。

副产煤气是钢铁企业在生产钢铁产品的同时产生的重要二次能源，占企业总能源消耗的30%左右。钢铁企业生产所用煤炭的热值有34%会转换为副产煤气。由于副产煤气产生和消耗的连续性和不规律性，如果没有好的优化调度方法，就会造成副产煤气的放散和不足。我国目前钢铁企业副产煤气的平均放散率达到5.76%，而世界先进国家副产煤气平均放散率只有 1%，差距十分明显。仅这一项差距就使得我国钢铁吨钢能耗增加 5%[5]。由此看来，对副产煤气系统的研究对于整个钢铁企业节能降耗至关重要，也是目前的研究热点。因此，本书将会对钢铁企业副产煤气系统进行研究，建立副产煤气优化调度模型。

1.1.4 副产煤气系统研究意义

因为钢铁企业副产煤气自身产生、消耗不稳定的特点，使得对钢铁企业副产煤气的动态优化调度模型的研究变得更加困难。毋庸置疑，运用数学模型对钢铁厂副产煤气系统进行优化，对发展钢铁生产、降低能源消耗和产品成本是一种强有力的手段和途径，具有重大的理论意义和现实意义。

本研究的理论意义：由于国内外对钢铁企业副产煤气的动态优化调度还处于起步阶段，目前还没有成形的理论基础。本书首先以副产煤气系统为研究对象，站在整体的视角对其进行系统分析，采用不同的数学和统计学方法对副产煤气的产生、存储、消耗等各个过程进行分析，达到集成优化策略，建立副产煤气系统优化调度模型，为钢铁企业副产煤气系统优化调度研究建立了坚实的理论基础。

本研究的现实意义：主要体现在经济效益和社会效益两方面。本书研究是以天津市科技支撑计划重大项目为研究题目。所建立的钢铁企业副产煤气优化调度模型在我国 K 钢铁企业加以应用，可以节省年生产成本 4 000 余万元。我国目前有各类钢铁企业 3 000 家，其中重点钢铁企业 112 家，除少数企业信息化比较超前以外，其他企业都可能成为潜在用户，市场规模在 100 家左右，每年可为国家节省大笔资金。因此，该项目所开发的钢铁企业副产煤气集中优化控制调度系统产业化前景良好，此为经济效益。而在国家大力提倡绿色钢铁，节能降耗，实现可持续发展的今天，副产煤气系统优化调度研究可以提高副产煤气利用率和减少副产煤气放散，实现企业节能减排，将会带来巨大的社会效益。

1.2　研究现状及问题提出

钢铁企业副产煤气系统是工艺复杂的系统，对其进行优化调度比较困难。目前来说，国内外对钢铁企业副产煤气系统研究还处于初级阶段，研究成果会在本书第 2 章文献综述中进行详细介绍。但总体来看，前人的研究仍存在一些问题，可以归纳如下：

（1）关于优化对象范围的选取不够明确。很多研究往往只针对副产煤气的部分系统进行研究，比如在副产煤气柜和锅炉中的煤气分配，而没有考虑副产煤气在钢铁生产过程中作为燃料的分配情况。也就是只实现了煤气的局部优化，没有实现在副产煤气在整个系统的优化调度。

（2）对于待优化的煤气系统，有自己的输入（煤气的发生量）和输出（煤气的消耗量）部分。在前人研究中，这部分是假设为已知的。这与实际的生产过程是不相符的。这部分数据不仅是未知的，而且会根据生产过程有很大的波动。如果假设为已知，就不能对煤气系统进行实时的优化。

（3）如果将副产煤气的发生量和消耗量的预测作为优化的基础和前提，随之而来的问题就是用什么方法对其进行预测。前人已经有单独针对煤气的发生和消耗进行预测的研究。但仅仅是针对其中某种煤气或者某个消耗用户，还没有形成通用的体系。这是由于副产煤气产生机理复杂，影响副产煤气产生量的因素众多，因此，对副产煤气产生量进行准确的预测十分困难。同时，副产煤气的消耗用户众多，而每个用户对副产煤气的消耗的特点也不尽相同，因此就很难对所有的副产煤气消耗用户进行消耗量的预测。

（4）在建立副产煤气优化调度模型时，很多学者只考虑了一些影响优化结果的显性成本，而忽视了隐性成本。事实上，隐性成本也会对系统的优化调度结果产生较大影响，是研究中需要考虑的。

（5）钢铁企业的能耗巨大，对环境污染极其严重。目前国家在大力提倡可持续发展的形势下，对废物排放也开始采取了相应的惩罚措施加以治理。前人的优化研究往往是出于生产经济性的角度去考虑，而忽视了环境污染问题带来的成本。

本书将针对前人研究中存在的问题展开研究。

1.3 研究目的、思路和方法

1.3.1 研究目的和思路

针对上述钢铁企业副产煤气系统优化调度研究存在的问题，本书拟定如下研究目标：以钢铁企业副产煤气整体系统为研究对象，针对我国钢铁企业副产煤气调度存在的问题，在深入研究我国钢铁企业副产煤气能耗现状的基础上，充分学习借鉴国内外现有本领域和相关领域的科研成果，通过工厂实地调研、理论研究和实证分析，综合应用运筹学、工业工程、系统分析和统计学的相关理论知识，就副产煤气的产生、消耗的预测和优化调度展开系统研究，构建我国钢铁企业副产煤气整体系统的供需预测模型和动态优化调度模型，实现副产煤气整体系统的优化调度，降低我国大、中、小型钢铁企业的副产煤气的排放，以达到降低钢铁企业能源消耗和生产成本的目的。

基于以上研究目标，本书的主要研究思路如下：

（1）对已有关于钢铁企业副产煤气系统优化调度的文献进行研究，掌握目前副产煤气系统优化调度动态，参考已经取得的研究成果，为本书的研究打下坚实的基础。

（2）首先会对钢铁企业副产煤气系统进行分析，在充分了解副产煤气系统工艺流程的基础上，确定明确的优化调度对象，避免由于对象选取范围导致后续研究的优化结果仅仅是局部最优。

（3）对副产煤气产生量建立预测模型。对副产煤气的产生过程及对产生量有影响的各因素进行研究，根据三种副产煤气的不同发生机理和影响因素，选择适当的数学和统计学方法对煤气的产生量进行预测。

（4）对副产煤气消耗量建立预测模型。对副产煤气的各个消耗用户进行研究和分析，根据不同消耗用户的特点，将其进行分类，每类用户采用不同的方法进行预测。

（5）将上述（3）和（4）的预测结果分别作为优化系统的输入值和输出值，对副产煤气系统进行优化调度模型的建立。采用适当的算法对整体副产煤气系统进行建模，通过设定目标函数和相关的约束条件，实现副产煤气整体系统的优化调度。

（6）鉴于在当前国家大力提倡节能减排的形势下，考虑煤气放散对环境造成的严重污染而带来的惩罚成本，将环境成本内在化，通过在目标函数和约束条件中设置于环境成本相关的处罚函数，建立基于环境成本的副产煤气系统的绿色优化调度模型。

（7）将建立的模型在实际钢铁企业加以应用，以验证模型的可行性和可靠性。

1.3.2 研究方法

本书以钢铁企业副产煤气系统为研究对象，建立了以下方法进行研究：

（1）理论研究与实证研究相结合。本书的副产煤气产生模型的建立、消耗模型的建立和副产煤气动态优化调度模型的建立，均先采用理论研究，然后将研究的结果应用于实际生产系统中来检验理论研究。

（2）定性分析与定量分析相结合。本书定性分析了钢铁企业目前能耗现状、钢铁企业副产煤气研究现状，并站在系统的角度对副产煤气系统进行分析；采用时间序列回归、LM－BP 神经网络、指数平滑法和回归分析等定量方法对副产煤气的产生和消耗进行预测，采用数学规划法对其进行动态优化调度建模。

（3）专业研究与多学科交叉研究相结合。本书综合运用了工业工程学、运筹学、统计学、数量经济学和系统分析的方法来解决钢铁企业副产煤气放散问题。

1.4　研究内容和技术路线

1.4.1　研究内容

目前，在对钢铁企业副产煤气系统进行动态优化调度方面，国内外还没有一套比较成熟的理论体系。本书以整个副产煤气能源系统为研究对象，对其整体进行系统分析，共分为 8 章进行论述：

第 1 章：绪论

本章首先阐述了选题背景和研究意义，针对目前对于钢铁企业副产煤气系统的研究现状，提出了亟待解决的问题。基于此，确立了本书的研究目的、思路和方法；研究内容和技术路线，最后阐述了本书的创新点。

第 2 章：国内外研究现状综述

本章分别从理论和实践的角度对国内外相关研究进行综述。首先对影响副产煤气综合利用水平的三方面重要因素（技术创新、信息化能源中心的建立和系统的优化调度）的相关文献进行归纳和分析比较，其次，对本书采用的优化调度方法的文献进行了更为详尽的总结。最后介绍了我国一些大型比较先进的钢铁企业的对副产煤气系统管理的实践经验。

第 3 章：副产煤气系统介绍和分析

本章在对钢铁企业副产煤气工艺流程深入研究、详细分析的基础上，提出了适用于钢铁企业煤气优化调度的"三系统两层面"框架。分析了钢铁企业煤气系统内各个子系统的关系，确定了待优化对象的范围，提出了在系统优化建模是应该综合考虑显性成本和隐性成本。

第 4 章：副产煤气产生的预测模型的建立

副产煤气产生和消耗的预测是真正实现动态优化建模的前提。本章首先介绍了预测建模常用的数学方法，分析了三种副产煤气的发生机理及其影响因素；综合考虑三种煤气的特性和各影响因素数据的可得性，采时间序列预测方法建立产生量预测模型。以 K 钢铁企业的实际生产数据进行算例分析，得到了较好的预测精度。

第 5 章：副产煤气消耗的预测模型的建立

本章根据钢铁企业煤气消耗用户的特点，将其归结为四类，对不同类别的用户采用不同的预测方法进行建模。对于第一类用户，即煤气消耗量波动很小的用户，采用指数平滑法对其进行建模。对于第二类用户，它们的煤气消耗量和某些因素呈明显的线性关系，采用线性回归方法对其进行建模。对于第三类用户，可以找到和煤气消耗量相关的若干因素，但是很难确立这些因素和消耗量之间的关系，采用神经网络进行建模。对于第四类用户，即钢铁企业若干消耗煤气的零散用户，不需要知道其中每个用户的消耗，只需要考察这些用户消耗煤气的总量，采用时间序列分析对其进行预测模型的建立。算例分析中，以 K 钢铁企业的实际生产数据进行计算，得到了较好的预测结果。

第 6 章：副产煤气系统优化调度模型的建立

本章拟定采用混合整数线性规划（MILP）方法建立副产煤气系统优化调度模型，综合考虑多种影响因素的基础上确立了目标函数，并结合物料守恒、能量守恒、设备操作条件限制等约束条件以及根据前面副产煤气产生和消耗预测数据，得到优化调度模型。并在 K 钢铁企业将优化调度模型加以实施，并将优化前后企业成本进行比较，以此来验证副产煤气系统优化调度模型的有效性。

第 7 章：基于环境成本的副产煤气系统的绿色优化调度模型的建立

本章考虑到国家对企业污染物排放的处罚，将"环境成本"的概念引入钢铁企业副产煤气系统。充分考虑了副产煤气的放散、燃烧排放和外购燃料燃烧排放给副产煤气系统带来的环境成本处罚，建立了基于环境成本的钢铁企业副产煤气系统绿色优化调度模型。将所建立的模型应用于 K 企业并与第六章的模型对比，使总成本有了进一步降低。

第 8 章：总结与展望

本章对全书内容进行总结，概括了本书已经取得的研究成果，针对其未来可能的研究方向提出合理化建议。

1.4.2　技术路线

本书技术路线如图 1 - 2 所示。

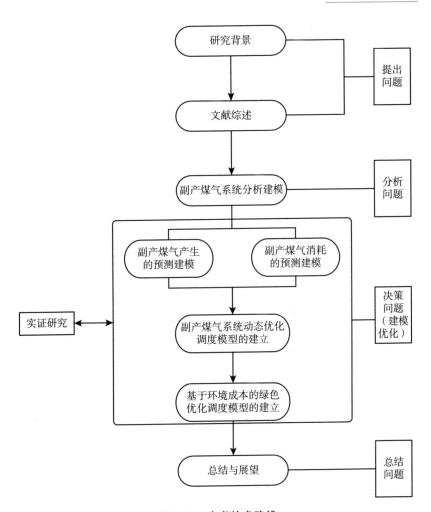

图1-2 本书技术路线

第 2 章

文 献 综 述

2.1 引　　言

为了解决副产煤气放散问题，达到节能减排的目的，国内外钢铁研究者和钢铁企业在理论上和实践上做了大量的研究，采用了一系列的方法，主要可以归结为技术创新、能源监管和优化调度三个方面[6]。本章将会从这三个方面对前人的研究进行总结和归纳，最后简单介绍我国比较先进的大型钢铁企业在副产煤气系统管理上的实践经验。

2.2　钢铁企业副产煤气利用技术创新

依靠科学技术进步来促进钢铁企业副产煤气的有效回收利用，已成为我国钢铁企业节能降耗、实现可持续发展的一条有效途径。国内外已经采用了多种方法对副产煤气实施再利用，并取得了一定的进展。

2.2.1　高炉煤气利用技术创新

高炉煤气是三种副产煤气中产生量最大、放散率最高的一种煤气。近年来对高炉煤气再利用的研究成为热点，其中高炉炉顶煤气余压回收透平发电、蓄热式轧钢加热炉装置和高炉煤气蒸汽联合循环发电三项技术较为突出。

高炉炉顶煤气余压回收透平发电（Topgaspressurere – Covery Turbine，TRT）的研发是副产煤气再利用的一种有效途径。TRT 是目前世界公认的有价值的二次能源回收装置，也成为我国重点发展的节能项目之一。这种发电方式不消耗任何燃料，也不产生环境污染，发电成本低，是高炉冶炼工序的重大节能项目，经济效益非常显著。此项技术在国外已经很普及，我国也在逐步推广。比如陕鼓为冶金行业配套的 66 台套 TRT 装置，已全部投入使用，每年可节约发电约 37 亿千瓦时，相当节约 1 座近 60 万千瓦的热电厂的发电量[7]。

蓄热式轧钢加热炉属高温空气燃烧技术（HighTemperature Air Combustion，HTAC），该技术将高炉煤气与助燃空气预热超过 1 000℃，用来提高高炉煤气的燃烧温度，实现对焦炉煤气的置换，因此经济效益和环保效益都很高。据统计，全国约有 290 座加热炉得到推广应用[8,9]。

高炉煤气蒸汽联合循环发电（BFG – Steam Combined Cycle Power Plant，BFG – Steam CCPP 或 CCPP）。CCPP 技术的优点是用水量小、占地小、建设快，而且发电效率可以达到 45% 以上。1997 年 11 月，宝钢正式投产了一套功率为 150MW（当时世界最大）的 BFG – Steam CCPP，实现了联合循环效率高达 45.52%。目前推广此项目的还有济钢、通钢、鞍钢、太钢，沙钢、马钢、邯钢等[10,11]。

2.2.2　焦炉煤气利用技术创新

焦炉煤气是三种副产煤气中热值最高，应用最为广泛的。目前，人们对其研究主要集中在焦炉煤气发电，焦炉煤气制甲醇和用焦炉煤气生产海绵铁等方向上。

焦炉煤气发电是一项比较可行的方案。焦炉煤气可以通过蒸汽、燃气轮机和内燃机等三种方式发电。其中，通过蒸汽发电技术成熟可靠，已在国内有很多应用。而燃料轮机和内燃机由于技术还相对不成熟，目前的应用较少。不过，利用焦炉煤气发电是环保节能综合利用的优势项目，是国家重点扶持项目。在发电方案中，建设燃气轮机热电联供电站是一项技术先进、投资回报率高的工程项目，可以对焦炉煤气进行有效的利用[12]。

焦炉煤气生产甲醇是目前研究的又一热点。焦炉煤气中的氢含量超过 50%，如果将其中的甲烷转化成 CO 和 H_2，即可满足甲醇合成气的要求。因为氢气还有富余，还可以由高炉煤气或转炉煤气提供 CO 和 CO_2，为焦炉煤气合成甲醇提供最佳气源。由于各焦化厂的焦炉煤气的组成略有差异，再加上其他因素的影响，生产 1 吨甲醇的焦炉煤气消耗量可按 1 800 ~ 2 400m³ 计算，具有广阔的经济前景。焦炉煤气制备甲醇技术成本最低，竞争力最强，而且有利于减少"三气"放散，已经得到国家相关政策的鼓励。杭州林达公司于 2000 年开发了拥有完全自主知识产权的焦炉煤气低压均温甲醇合成塔技术，打破长期以来被国外少数公司所垄断的局面。内蒙天野化工和陕西渭河煤化工的甲醇项目，均采用林达公司焦炉煤气低压均温型甲醇合成塔专利技术，分别于 2005 年和 2006 年一次投运成功，至今运行效果良好[13]。

高炉炼铁的缺点是生产成本高、环境污染严重，因此促进了直接还原铁生产工艺的发展。直接还原铁生产工艺的关键步骤是还原气体的制备。由于焦炉煤气中氢和甲烷的含量分别超过了 50% 和 20%，使焦炉煤气成为了性能优良的天然还原剂。因此近些年人们在研究采用焦炉煤气还原法生产海绵铁工艺，并已经证明与现在的各种还原剂相比，其具有更好的还原性能[14]。

2.2.3 转炉煤气利用技术创新

转炉煤气含 CO 的含量比较高，因此热值也较高，所以可用做化工原料。另外，由于转炉煤气温度较高，对其余热的利用也是当今研究的热点[15]。

转炉煤气中含有大量的 CO，不含硫且氢含量较少，所以既可以作为燃料，也可作为化工原料。例如，与氢氧化钠反应生成甲酸钠。甲酸钠不仅是燃料工业中生产保险粉的一种重要燃料，而且也是生产甲酸、草酸的基本原料。除此以外，转炉煤气也是生产合成氨原料气中一种很好的原料[16]。

转炉煤气温度普遍在 1 400~1 600℃，经炉口燃烧后，根据炉气的燃烧程度不同，烟气温度高达 2 000℃。采用气化冷却烟道回收大量蒸汽后，可供取暖、食堂、洗澡等设施使用[17]。

综上所述，三种副产煤气都有广阔的再利用前景。但是就目前来说，副产煤气的技术结构调整和再利用工艺开发与研究是一个长期的过程，并要投入大量的人力、物力和财力。三种副产煤气利用技术创新无法在短时间内解决副产煤气系统存在的问题。

2.3 钢铁企业副产煤气能源中心的建立

能源中心技术是一种以计算机和通信网络为主体设备的现代化能源管理手段，具有先进的管理水平和显著的经济效益[18]。国外能源中心的历史非常久远，从 20 世纪 60 年代起，国外先进国家的一些钢铁企业就开始根据二次能源的不同类型设置了不同的能源管理系统，对各种能源介质进行监视和控制，以达到节能降耗、降低成本的要求[19]。其中日本是开设能源中心最早且自动化水平最高的国家，60

年代,日本钢铁企业建立了世界上第一个能源中心,实现了对能源的集中控制和统一管理。70 年代,日本京浜钢铁集团建立了信息化的能源中心,计算机进入能源系统并参与预测和控制[20]。进入 80 年代后,日本逐渐形成综合能源中心管理模式。

美国的能源中心发展也比较快。美国 Armco 钢铁分公司建立了能源管理系统,该系统能够协调公司能源分配、控制能源总成本,充分实现了对消耗能源的计量并对能源进行分配[21]。

印度近年来在钢铁企业能源中心的建立中也取得了一定的进步,印度的 Bhilai 钢铁公司[22]将能源监视和能源建模集成整合在统一的能源管理体系之中。能源监视包括历史数据存储和在线数据采集;能源建模则涉及钢铁企业气体能源的产消和相互关联模型的建立。印度某钢厂[23]对其能源系统建立的能源管理模型,给出了智能操作系统软件和硬件框架,通过接收现场数据分析,指导能源平衡优化问题。该企业能源管理系统主要实现对相关参数的在线采集和监视,对能源设备实行控制[24-27]。

我国能源中心的发展起步较晚,与世界先进国家比较,发展相对滞后并存在一定差距。最初的能源监管工作起于 20 世纪 70 年代,主要研究设备节能,通过改善单个设备操作条件,达到节能的目的。但是随着节能工作的进展,我国认识到单个设备的节能并不是整体节能工作的核心环节,因为个体的节能量总和并不等于整个系统的节能量,所以以系统的角度去统筹进行整体节能降耗才是重中之重。

我国钢铁企业从 20 世纪 80 年代开始建立能源中心,对能源进行管理。宝钢从日本引进能源中心设备,拥有全国最早投入运营的能源中心[28]。之后宝钢又从德国西马克公司进口设备对能源中心进行设备更新升级,实现了能源信息在线管理,事件顺序记录、存档。整个能源管理系统开放性好并且具有较好的可扩展空间[29,30]。其他还有武钢、攀钢等企业也都在 20 世纪 80 年代中期开始了能源信息管理系统的设计筹建工作[31]。济钢、唐钢等企业都建立了立足于副产煤气系统的管理系统[32]，通过对各个工序副产煤气产量的研究，分析企业内部副产煤气网络，加强副产煤气资源的综合利用，减少了副产煤气的放散，提高了副产煤气资源的利用率。马钢、梅钢，涟钢等多家企业也都建立了能源中心对能源进行管理，提高能源利用率[33,34]。

目前，我国大中型钢铁企业一般均设立企业专职能源管理部门，建立了企业内部的能源管理体系，对能源的使用进行监督控制。很多企业建立健全企业能源管理方面的规章制度，能源仪器仪表配置齐全，完好率和周检率达到国家《用能单位计量器具和管理通则》标准；企业能源统计管理科学、健全，所有能源介质的统计数据做到齐全、准确、及时、可靠。不少钢铁企业实行能源消耗定额管理的办法，有效地促进企业节能[35,36]。大中型钢铁企业建立企业能源管理中心，促进了企业节能工作的开展。企业能源管理中心的工作内容：监测、控制、调整、预测企业能源利用情况，对能源故障进行技术分析、绘制企业能源平衡表。宝钢、鞍钢、首钢、马钢等企业的能源管理中心对企业用能进行科学地管理，可使企业节约能源总量的 5% ～ 7%[37-39]。

然而，无论国内、外的能源部门的建立，只是实现了能源管理的信息化，将能源运行数据的采集、监控、综合利用等功能实现计算机控制，而对于能源系统的综合利用和调度，仍然依靠现场生产人员的经验来完成，并未从真正意义上实现智能化，自动化的统一监控、调度和管理[40,41]。因此，越来越多的研究开始关注如何对副产煤气系统进行系统的优化调度，以减少煤气的排放，达到煤气的供需平衡。

2.4 钢铁企业副产煤气系统优化调度的研究

钢铁企业副产煤气系统优化调度目的就是在保证副产煤气质量和数量的基础上，通过动态调整优化，有效避免煤气不足或过剩的状况，使得煤气管网压力相对稳定，并减少煤气放散和消耗量，提高煤气利用效率，从而降低其他购进燃料（如煤和石油）的使用，以达到钢铁企业节能减排，降低成本的目标。副产煤气系统的供需平衡包括静态平衡和动态平衡。静态平衡是以计划或规划为主，对一段时间内的高炉煤气产生和消耗量，如年、月、周、日平衡，结合期间生产计划、检修计划或技改项目等影响因素，进行预测性地平衡；动态平衡则是指随着生产过程的波动需要采取的即时平衡。

钢铁企业副产煤气系统优化调度研究内容主要包括对副产煤气产生量和消耗量的预测以及副产煤气优化调度模型的建立两个方面。目前，几乎没有人对副产煤气系统两个方面同时进行研究，都只研究了其中的一个方面。下面将分别对研究副产煤气产生量、消耗量预测和副产煤气优化调度的文献进行综述。

2.4.1 副产煤气产生量、消耗量预测研究

预测学[42]是一门研究预测理论、方法、评价及应用的新兴科学，旨在对无知和随机的后果进行数学化分析和描述，为决策者提供必要的决策信息。预测的方法种类很多，据相关资料统计，预测方法多达200余种，其中有20余种方法在经济、气候、工业等不同的领域取得广泛的应用。

对副产煤气产生和消耗的预测，最初集中在静态预测的研究，大多用于报表平衡[43,44]。目前，更多运用各种动态预测方法对钢铁企业副产煤气的产生和消耗进行建模预测，但研究仍处于初级阶段。预测方法主要有回归分析、多层递阶方法、人工神经网络，支持向量机、小波变换、灰色系统理论、混沌时间序列及多种方法的组合。

吴成忠等[45]采用 AR（p）模型来预测高炉煤气发生量，但其只是对其月发生量进行预测。

福库达等（Fukuda et al.）[46]提出了能源分配控制优化方法，即

通过预测来优化能源需求，主要采用 ARMAX 方法对三种副产煤气的产生量进行预测，不过预测的精度不是很高。

李雨膏[47]用时间序列分析法预测了焦炉煤气的产生量，取得了不错的效果，并没有对高炉和转炉的煤气的产生进行预测。

戴朝晖[48]分别采用多层递阶回归法、神经网络法和平均值法，对钢铁厂副产煤气用户轧钢厂、炼钢厂和烧结厂的消耗量进行了预测，预测的精度较高。并根据预测值数据，结合计量表实际读数以及历史平均流量数据，建立副产煤气自动平衡系统。但是其应用点主要在于静态的煤气平衡的统计。

刘渺[49]通过对钢铁企业主工序分厂煤气发生机理和消耗特性研究，找到了影响各分厂煤气发生量和消耗量的主要影响因素。采用灰色关联度分析法计算了各分厂煤气发生量和消耗量与能源平衡报表中各指标之间的关联度。提出了一种钢铁企业主工序煤气发生量和消耗量预测方法：采用神经网络法对关系复杂的工厂进行预测，采用回归分析法对关系简单的分厂进行预测。并以湘潭钢铁集团的煤气系统为例进行验证，得到了较好的结果，不过该方法适用性不强，具有一定的局限性，很多钢铁企业由于工艺和设备的不同根本无法得到各影响因素的数值，使得无法使用该方法对副产煤气的产生和消耗进行预测。

汤振兴、王伟[50]对钢铁企业副产煤气中焦炉煤气的产消及副产煤气柜煤气含量进行预测。将焦炉煤气的产消预测归结为一类基于时间序列的预测问题，将煤气柜煤气含量预测归结为回归预测问题。建立了相应的基于最小二乘法支持向量机的产消预测模型和副产煤气柜煤气含量预测模型，并设计了在线学习算法和贝叶斯优化法循环构建和优化预测模型，加快了建模时间，同时提高了预测精度。现场实际数据预测结果表明所建模型在小样本和随机噪声数据环境下能保持很高的预测精度，与其他预测模型相比，适合于钢铁企业的焦炉煤气发生量实时在线预测。

张琦等[51]以钢铁企业高炉煤气系统为研究对象，采用灰色关联度分析了高炉煤气产生量、消耗量的影响因素与煤气量的关系，基于人工神经网络预测方法，建立了高炉煤气 BP 神经网络预测模型，对钢铁企业各生产工序中高炉煤气的产生与消耗量进行预测，探讨了企业在正常生产、事故检修等工况下各工序的煤气产生量和消耗量预测的合理性。

邱东、陈爽等[52]针对高炉煤气的生产工艺，建立了基于 BP 神经网络的高炉煤气消耗预测模型，并进行了 Matlab 仿真，模型的预测误差降低，达到设计精度的要求，可以作为煤气调度和煤气平衡的参考依据，提出了高炉煤气综合优化方法。

李文兵、纪杨等[53]分析了钢铁企业副产煤气发生和消耗的特点，针对每种副产煤气的发生设备和消耗用户，分别建立了煤气产出和消耗动态模型，并对一个钢铁企业煤气的产出和消耗进行了实例计算。

李文兵、李华德[54]分析了钢铁企业高炉煤气发生、储存和消耗的特点，建立了高炉煤气系统动态数学模型，开发了高炉煤气仿真系统，并对某钢铁企业高炉煤气系统进行了实例计算。

李玲玲等[55]以某钢铁企业为背景，基于煤气用户的历史数据，通过多层递阶回归分析建立相应的消耗预测模型，从而对煤气用量进行预测。

聂秋萍、吴敏等[56]建立了三种煤气消耗预测模型，能对轧钢类、炼钢类和烧结类用户的煤气消耗量进行预测，提出一种基于消耗预测的煤气自动平衡与数据校正方法，能够对各个用户的煤气用量进行数据校正，并能自动平衡煤气的总发生与总消耗计量。

梁青艳[57]对影响煤气供需流量的因素以及煤气波动进行了定性分析，针对煤气影响因素复杂多变的特性，提出了一种基于历史统计数据、生产过程工艺参数数据的短期分段预测建模方法。基于建立的模型，设计了预测仿真平台并进行了仿真测试和效果分析，为优化调度方案的实施提供了基础数据。

姜曙光[58]对钢铁企业主工序分厂煤气发生机理和消耗特性研究，找到了影响各分厂煤气发生量和消耗量的主要因素。对济钢总厂区域内的焦炉煤气、高炉煤气、转炉煤气及各种混合煤气进行研究，在现有的能源中心焦炉煤气气柜及高炉煤气气柜预测的基础上，用回归分析法预测各种煤气的发生及消耗，保证煤气的最大化利用。

济钢[59]采用一种基于柜位预测的钢铁企业煤气动态平衡实时控制方法，并申请了专利，主要是根据当前一段时间煤气系统运行实际数据和对主要生产情况的估计，采用回归模型预测煤气系统未来一段时间内的发展趋势。

熊永华[60]以钢铁企业为背景，设计了一个煤气平衡认证分析系统，消耗预测模型作为其中的一个功能模块对计量系统提供故障诊断及错误提示，为自动平衡认证的实现提供基础数据。

毛虎军[235]基于富余煤气的 q-g 预测法，预测并分析了南钢万吨发展规划时的煤气产生量、消耗量和富余量，并对燃煤气锅炉—汽轮机发电、焦炉煤气制氢—电力多联产、焦炉煤气制甲醇—电力多联产等富余煤气的再资源化利用方案进行了比较。

李鸿亮[236]针对高炉煤气产销量预测精度不高的问题，运用小波分析方法对高炉煤气量历史数据进行预处理，分离出趋势数据和波动数据，再结合目 Bp 和 Lssvm 模型预测特性，建立精度较高的 mix-Bp-Lssvm 预测模型。

李红娟[237]针对钢铁企业高炉煤气发生量的机理模型难以对其进行预测的问题，建立了基于 Elman 神经网络和最小二乘支持向量机相结合的预测模型。预测前利用概率神经网络对其进行分类，并对分类后的数据进行 HP 滤波处理，得到趋势序列和波动序列分别预测；预测后引入马尔科夫链的状态转移矩阵，对预测残差进行修正。

张琦[238]针对钢铁企业高炉煤气产生量和消耗量波动频繁，难以有效预测的问题，应用小波分析方法将高炉煤气产生量和消耗量历史数据经剔除"噪声"后分为趋势数据和波动数据，并结合高炉实际运行工况，建立一种具有时序更新和自我修正功能的最小二乘支持向量机（Lssvm）高炉煤气动态预测模型。

杨波[239]针对钢铁企业副产煤气消耗量经验模型难以对其进行精确预测的问题，通过分析副产煤气消耗用户及其特点，按不同用户利用支持向量机对副产煤气消耗量进行分类，依托 Powell 算法、模拟退火法和支持向量回归机各自的性质及特点，构建了副产煤气消耗量预测模型，并依托企业实际数据对模型进行验证。

聂秋平[240]利用灰色理论累加求和特性对样本数据进行预处理建立了基于灰色 RBF 神经网络的炼钢煤气消耗预测模型。

2.4.2 副产煤气优化调度研究

目前，无论国内外对钢铁企业中研究最多的调度问题是企业的生产调度，然而对二次能源副产煤气系统的优化调度研究的很少，处于起步阶段。目前，副产煤气优化调度模型的算法主要采用数学规划法、启发式算法、仿真算法等[61-65]。

国内学者在研究初期，只是意识到了副产煤气系统优化调度对钢铁企业的必要性和重要性，然而对具体的调度算法，模型建立等方面都没有开始涉及。

王秀纯[66]在对钢铁企业煤气平衡问题进行探讨时，提出要充分利用副产煤气并减少放散，适当降低用户的煤气热值，做到煤气使用的经济合理。要做到统一思想、统一规划、统一安排。文中并没有提到对副产煤气充分利用的具体模型和操作方法。

孙贻公[67]对大型钢铁联合企业煤气平衡问题进行探讨，对马钢煤气平衡状况调查分析，但是并没有建立副产煤气系统优化调度模型。

在逐渐的深入研究中，结合钢铁企业副产煤气的特点，对于钢铁企业副产煤气优化调度的研究，被运用最多的是数学规划算法。

张琦、蔡九菊和杜涛等人[17]探讨了钢铁企业煤气平衡问题。根据钢铁企业煤气系统的特点，提出通过建立合理的煤气缓冲用户，增设煤气储存设备，建立能源管理中心等手段，使煤气系统趋于动态平衡。在不改变企业设备状况和技术条件前提下建立数学模型，对煤气资源进行优化分配。而这些措施都涉及副产煤气产生量和消耗量，但文中并没有进行这方面的讨论。

赵立合[68]等提出了一种应用于某钢铁厂的煤气系统优化管理模型，模型中的各个部分采用单目标线性规划方法进行优化。

江文德[69]对钢厂能源相关单元分类，对各类不同单元建立统一的建模方法。将企业相应的调度单元分为四类并分别建模。将调度问题描述为数学规划的形式并进行求解。他开发了能源调度系统并加以实现。

明德廷[70]将煤气系统抽象为煤气管网和用户单元，将调度问题描述为数学规划的形式，建立煤气动态平衡和优化调度模型。并以此基础，设计出基于模型的煤气优化调度算法：静态调度算法和动态调度算法。但是由于一些理想化的假设，使得建立的模型存在一些不足之处，主要体现在约束条件上还需要进一步研究与完善。

钱俊磊[71,72]根据钢铁企业煤气调度的需求，将基尔霍夫定律应用于煤气管网，结合流体力学原理，计算出管网中测量点的煤气流速和压力，论述了在工程中实施其方法的实际意义。

国外的研究主要集中在进行副产煤气系统优化调度研究中，考虑副产煤气柜中副产煤气量的波动以及缓冲用户的设备操作改变等因素造成的成本损失。

秋元等（Akimoto et al.）[73]在 1991 年提出了采用混合整数线性规划（MILP）方法对煤气柜的水平进行控制来优化分配副产煤气。优化模型在目标函数中增加适当的处罚费用，例如，副产煤气的放散或不足、煤气柜中气体的波动等。

辛哈等（Sinha et al.）[74]用 MILP 来优化资源配置从而达到利润

最大化，考虑了多周期之间的锅炉开关费用来解决多周期优化问题，并把理论结果应用到 TATA 钢铁厂，取得了较好的结果。

金等（Kim et al. ）[75-78]在本领域做了大量研究。他们定义目标为多周期的成本最小化，尝试用副产煤气代替购买的重油最为原料。他们定义的成本包括燃料费用和惩罚费用的总和。他们同时考虑了副产煤气柜的波动和副产煤气的分配问题，提出了根据单位处罚价格改变而变化的数学模型。

孔海宁、齐二石等[79]综合研究了钢铁企业整个能源系统，将副产煤气系统分为产消系统、副产煤气的存储系统和副产煤气的再生系统，并根据用户的不同性质设计了混合整数线性规划法（MILP）对其煤气分配进行优化从而达到全局成本最小化，解决了钢铁企业副产煤气短时间不平衡问题。

杨靖辉、蔡九菊[80]根据钢铁企业实际情况，将生产过程分为正常生产和非正常生产，分别建立煤气产耗预测模型．正常生产工况模型使用因果函数分析法计算，非正常生产工况使用启发式标定法并配合自学习功能进行计算，对副产煤气系统进行优化。

孙良旭[81]等在对副产煤气进行优化调度时，提出了一种自适应混合差分进化算法（AHDE）进行求解。

除了用数学规划法以外，也有学者尝试用启发式规则算法对煤气系统进行研究。张建良、王好[82]以低热值的高炉煤气为燃料的燃气—蒸汽联合循环发电装置作为钢铁企业煤气平衡系统的缓冲用户，建立了钢铁企业新的煤气平衡并实现煤气热值的优化利用模型。文中介绍了一种煤气调配流程图，这是一种基于规则的调度方法：各种煤气首先保证其相应热值用户的需求，在平衡的情况下，考虑煤气调配。当煤气供应不足时，首先考虑煤气替代方案、煤气混合替代方案，若不存在合理的替代方案，则调减其用户；当煤气供应过剩时，首先考虑是否有其他煤气用户需要其替代，在没有的情况下，进入燃机系统。

此外，在仿真算法的研究方面，冶金自动化研究院尝试对副产煤气系统和蒸汽系统进行研究。柯超[83]等针对煤气的调度问题，提出了建立煤气调度仿真系统。分析煤气在使用、回首和转换输配三个环节动态变化情况，分析评估各个环节的效率和流程综合效率，为钢铁企业煤气系统的设计方案和运行策略的对比和优化提供定量分析手段。同时，一些实时方面的仿真还有待改善。

曾玉娇[84]分析了钢铁企业蒸汽系统的实际状况，结合仿真需求，对各个子系统中的重要设备建立了信息模型。基于建立的信息模型，开发系统语言，进行了蒸汽仿真系统的软件设计和开发，并应用在国内某钢铁企业。

在国外，美国的巴韦（Bhave）[85]对蒸汽仿真系统作了比较深入的研究。他之处蒸汽系统中存在很多变量并且其变量之间存在很复杂的耦合关系，这些关系使得优化管理锅炉及蒸汽系统变得非常困难。他开发了蒸汽系统仿真软件，研发了新的优化操作策略，即以用户需求驱动模型。

钢铁企业副产煤气系统的优化调度与炼油企业瓦斯系统和蒸汽系统的优化调度有很多类似之处：它们都是生产过程中产生的富余气体，可作为二次能源继续参与到生产过程中[86-88]。通过对其动态调度优化，可以减少其放散，提高燃气利用效率，从而使生产成本达到最小化。因此，对煤气系统的研究可以适当借鉴炼油企业瓦斯系统和蒸汽系统优化调度的研究成果[89-91]。

对于炼油企业瓦斯系统，大多数学者以数学规划法作为算法解决优化调度问题。1992 年，纳什等（Nath et al.）[92]将混合整数线性规划方法引入公用工程系统求最优解。为了降低数学模型的复杂性，对过程和装置模型都做了相应的简化。由此开始考虑了整个系统的优化，使系统就可以更加有效地运行。

随后横山等（Yokoyama et al.）[93]把装置的大小和运行计划的问题分别表示为非线性规划和混合整数线性规划形式，发展了一种优化计划算法确定相应的运行计划。

皮斯普洛斯等（Pistikopoulos et al.）[94]通过使用数据整合软件对系统的数据进行整合，并应用模拟软件包对设备进行模拟，建立了产汽网络运行优化模型，在实际的工业应用取得了成功。

李等（Lee et al.）[95]提出了基于分层分解的优化方法优化公用工程系统，在系统的优化运行中集成在线数据整合技术来消除工艺数据误差。

2002 年，思卓瓦利斯等（Strouvalis et al.）[96]又用改进的分支定界算法对蒸汽动力系统设备的最优维护问题进行了研究，改进的算法利用一些特殊的关系式对不必枚举的较差节点进行识别和剔除，计算量得到了显著的减少，收敛速度得到了很快的提高。

友欧等（Ueo et al.）[97]建立了公用工程系统运行优化的 MILP 模型，并开发了运行优化软件。可以在不同性质的公用工程系统使用该软件，并可以选择不同的目标函数以及相应的约束方程。

张等[98]提出了以最大经济效益为目标函数的工艺生产过程同公用工程组成的全局过程的设备维护优化策略，建立了最优维护的多周期 MILP 模型，模型综合考虑了购电协议、中间产品库存、中间产品购买等的优化。对考虑购电合、不考虑购电合同、考虑允许中间产品库存、购买中间产品代替库存等案例进行了实例计算、分析和验证，结果表明该模型不仅能保证得到最优的长期设备维护方案，也能保证设备在维护期内的效益最大，进一步挖掘了系统的节能增效潜力。

张等[99]对工艺生产过程和公用工程系统的设备维护调度进行了优化，并建立的全局 MILP 模型，将整个设备维护调度问题分为两步，长周期维护和短周期维护，给出的维护调度方案在保证可行性的前提下，同时也保证了全周期内系统运行的经济性。

惠等[100,101]用 MILP 方法处理蒸汽系统多周期优化调度问题，并应用于实践提出了以最大经济效益为目标函数的工艺生产过程同公用工程组成的全局过程的设备维护优化策略，建立了最优维护的多周期

MILP 模型, 结果表明该模型不仅能保证得到最优的长期设备维护方案, 也能保证设备在维护期内的效益最大, 进一步挖掘了系统的节能增效潜力。

平田等 (Hirata et al.)[102]建立了蒸汽动力系统的全局模型, 并开发了相应的软件系统, 对日本三菱化工厂的三个公用工程系统进行了集成优化。利用该软件, 对化工厂的三个蒸汽动力系统进行了年运行计划优化、投资决策优化、购电协议优化和设备维护方案优化, 化工厂的工程师使用该软件便可以在较短时间内处理复杂的运行优化问题。

张和华[103]用 MILP 方法对炼油厂的蒸汽系统进行优化, 重新确定了能源消耗模型, 实现了蒸汽和瓦斯系统的共同优化, 并将结果运用到实际生产中。

弗朗西斯科等 (Francisco et al.)[104]对前人建立的蒸汽动力系统多周期最优设计与运行的模型进行了扩展, 建立了多目标模型。并采用五步法进行优化求解。

张冰剑等[105]采用混合整数线性规划描述了石化企业蒸汽动力系统的超结构, 建立了多周期优化运行的数学模型, 充分考虑了蒸汽动力系统设备在多周期操作中的维修约束。通过对某炼油企业蒸汽动力系统的实例研究, 论证了模型的科学性和适用性。

梁彬华等[106]用 ASPEN 软件开发了炼油企业生产调度系统, 实现了炼油企业瓦斯系统的平衡计算, 但是并未给出优化调度决策;

李树文[107]从生产工艺的角度对瓦斯系统的工艺流程做了细致的分析, 确立了工艺改进和流程改造的方向, 但是也没有实现真正意义上的优化。

张等[108]提出了炼油企业瓦斯系统的多周期调度模型来达到生产成本最小化, 并对模型进行了灵敏性分析, 有效支持了瓦斯系统决策的生成。

在以启发式方法作为算法的研究方面, 早在 1980 年, 西尾等

（Nishio et al.）学者[109]介绍了以减少蒸汽循环中可用能的损失的启发式规则，并应用这些规则在热动力学的基础上进行蒸汽动力系统的优化设计。

奥沙瓦等（Yoo et al.)[110]在应用实际运行数据对产汽过程和蒸汽分配网络进行稳态建模的基础上建立了基于规则的专家系统，同时系统规则集成了由经验得到的启发式知识，并采用牛顿迭代法和简单线性规划法求解，运用该系统来指导蒸汽系统的最优运行。

2.5 我国大型钢铁企业副产煤气利用和优化调度现状

我国大型钢铁企业非常重视副产煤气的利用，近些年来大量投资对副产煤气系统相关设备进行改造，对副产煤气的分配以及副产煤气的再利用方面进行研究。目前已经取得了一定的成果，对企业的节能减排，降低成本起到了关键的作用。下面主要综述了包括宝钢、首钢、马钢、济钢、莱钢等大型钢铁企业在副产煤气的利用和优化调度方面的现状。

宝钢拥有世界先进的煤气回收利用设备、煤气柜、煤气管道、放散塔等，设立了实时监控装置监控高炉煤气发生量，控制高炉煤气的压力，并对副产煤气柜位加以监视。系统地调整煤气用户流量，跟踪公司检修计划，及时化解检修等计划对系统的影响。同时，能源中心建立了一整套激励和惩罚机制，最大限度地减少煤气的放散。年经济效益节省 2 000 余万元，高炉煤气放散率达到世界先进水平。宝钢在副产煤气利用方面研制开发了全烧低热值煤气燃气轮机技术。该机组投产后，消耗了大量的高炉煤气，2000 年共使用高炉煤气 18.2 亿立方米，发电 5.7 亿千瓦时，供蒸汽 6.7 万吨。燃气轮机的投运以及能源中心改造等其他因素使宝钢的高炉煤气放散率大幅下降，从 1995 年的

16.12%下降至 2000 年的 0.13%。2003 年使用高炉煤气 27.74 亿立方米，发电 8.6 亿度，宝钢高炉煤气放散率保持 0.13%[10,31]。

首钢研制了全烧高炉煤气电站锅炉技术。针对高炉煤气的热值低、燃烧稳定性差等特点，研究高炉煤气的燃烧特性，解决全烧高炉煤气的稳定燃烧以及锅炉安全保护系统等问题。由首钢自行开发的全烧煤气电站锅炉，于 1996 年 12 月正式投产。锅炉运行不受季节影响，一年四季都可以回收煤气，冬季抽汽供热、发电、兼顾冬季供暖。其研制的 220 吨/小时的锅炉，每小时可烧 19.6 万立方米的高炉煤气，年节约经济效益 7 000 万元以上[111]。

马钢以"以气代煤，以气代电"为指导思想，充分利用高炉煤气等作为一次能源。进行了高炉煤气掺烧锅炉改造，年节约外购燃料费用 500 余万元。又于 2001 年 7 月又建成并投产了一台 220 吨/小时全燃高炉煤气锅炉。该项目成为国内同类型锅炉中投资最省、工期最短、效益最佳的工程。一年可回收利用 14 亿立方米，彻底根除大高炉煤气对钢城的污染。每年可为马钢公司带来直接效益 5 000 多万元。至 2002 年底，马钢动力厂相继完成了四台汽动鼓风机组的建设工作，并用其替代原有的电动鼓风机组来向高炉输送冶炼所需的压缩空气。直接节约外购电费 3 000 万元。其次，公司申请利用日本政府绿色援助计划中有关转炉煤气的技术和设备，对马钢三炼钢厂 1 号转炉装置进行改造。通过近几年上述几个副产煤气回收利用项目的实施，马钢已经取得了巨大的经济效益。以高炉煤气为例，近几年，马钢公司共减少高炉煤气放散近 5 亿立方米，节约燃煤采购费用近 2.5 亿元，节约外购电费近 5 000 万元，直接经济效益达 3 亿多元[112]。

济钢从"充分利用煤气资源"找到了钢铁工业可持续发展的突破口。将转炉煤气系统和混合煤气系统作为缓冲用户，并对焦炉煤气、转炉煤气和高炉煤气的用户进行分级供气。针对企业自身焦炉煤气严重不足，高炉煤气相对富裕的情况，对煤气系统进行调整。分别考虑了正常生产情况下和检修情况下的煤气分配方法。济钢就是这样依靠技术进步和加强管理，通过"减少、再利用和再循环"提高煤气资源和能源利用效率，实现"少投入、高产出、低污染"[113,114]。

莱钢有限公司针对自身回收的煤气无法全部利用，转炉管网煤气系统设计不合理、煤气含尘浓度高、加压系统能力不够等一系列问题，进行工艺流程的优化改造。通过改造减少了煤气含尘带来的安全隐患，实现了转炉煤气自产自用和加压机升压改造，满足了莱钢转炉煤气全部利用的要求；同时进行了配套系统管道升级，通过一系列的技术革新，年产生经济千万余元[115]。

总体来说，我国钢铁企业在副产煤气的利用和优化调度方面取得了相当大的进步，但是与世界先进国家，先进钢铁企业相比，还是有一定差距。目前，国内已经有很多研究者意识到有必要对钢铁企业副产煤气系统进行研究，并在钢铁企业进行实证分析，尽快解决副产煤气系统优化调度问题，使得钢铁企业达到节能减排、降低成本的目标。

第 3 章

钢铁企业副产煤气系统分析

3.1 引　　言

　　从前两章分析中得出，钢铁企业副产煤气系统对企业总能耗影响重大且目前存在一些问题，因此对其优化调度的研究非常迫切。基于此，本书研究的目的是对钢铁企业副产煤气系统进行多周期动态优化调度。优化调度问题包括建模和求解两个方面。随着计算机技术和数学、统计学等学科的进步，对优化模型的求解方法已经有了长足的发展。因此，关键问题是如何将一个现实复杂的系统抽象为数学模型。在建立优化调度模型之前，必须要对研究对象的特性有深入的了解。首先，明确研究对象的范围是什么，包括哪些部分，这些部分之间有怎样的联系。其次，由于钢铁企业是典型的流程制造业，涉及副产煤气系统的生产工艺复杂、工序繁多、关联紧密，所以对研究对象范围的确定更是重点和难点。如果研究对象范围定义过小，就会导致后续研究的优化结果仅仅是局部优化结果，并不能达到整体系统的最优。

　　因此，本章首先介绍了钢铁企业生产流程及副产煤气的工艺流程，在对副产煤气系统进行了深入、详细描述分析的基础上，提出了适用于钢铁企业煤气系统的"三系统两层面"框架，明确了待优化系统的范围和内部关联，为后续建立优化调度模型奠定了良好的基础。

3.2 钢铁企业生产工艺介绍

钢铁生产工艺流程实际上是一个钢铁冶金过程，集物质状态转变、物质性质控制、物质流动管理于一体的生产制造体系，是一种多维的过程物质流管理控制系统。钢铁生产一般主要分为6个过程，分别是焦化、烧结、炼铁、炼钢、连铸和轧钢[116-118]。具体生产过程如图3-1所示。

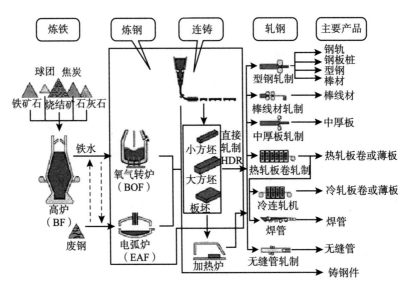

图3-1 钢铁生产工艺流程

资料来源：中国百科网. http://www.china baike.com/z/bzj/224798.html.

由图3-1我们可以看出，钢铁厂以焦化工序和烧结工序生产的焦炭和烧结矿为原料，在高炉中进行炼铁，生成的铁水在转炉中炼制成钢水，再经过连铸以及轧钢工序，生产需要的钢材。在生产的过程中，焦炉炼焦过程会产生焦炉煤气，高炉炼铁过程产生高炉煤气，转炉炼钢过程产生转炉煤气。下面会对钢铁企业工艺各工序进行简单介绍。

1. 焦化

焦炭在高炉炼铁中起着发热剂、还原剂和料柱骨架的作用，对高炉炼铁的质量有着重要的影响。焦炭中含 90% 的碳，其余的非碳物质是硫化物和水。焦化工序的主要任务是生产优质的焦炭，供高炉炼铁过程使用，同时回收焦炉煤气及一些化工产品。焦化生产是以煤为原料，在密闭的焦炉内隔绝空气高温加热释放出水分和吸附气体，随后分解生成焦炉煤气和焦油等物质，剩下的就是供高炉炼铁使用的焦炭。

2. 烧结

烧结工序是为了满足高炉冶炼对精料的要求而发展的，通过烧结生产出烧结矿，达到资源的综合利用，扩大炼铁用的原料种类，去除有害杂质，回收有益元素，保护环境，同时可以改善矿石的冶金性能，适应高炉冶炼对铁矿石的质量要求，是高炉冶炼的主要经济指标得到改善。

烧结工序是将矿粉、溶剂石灰石和燃料按一定比例配合后，经过混匀、造粒、加温布料、点火等过程，借助炉料氧化产生的高温，使烧结料水分蒸发并发生一系列化学反应，产生部分液相粘结，冷却后成块，经合理破碎和筛分后，最终得到烧结矿，用作炼铁的原料。

3. 高炉炼铁

炼铁过程实际上是将铁从其自然形态铁矿石等含铁化合物中还原出来的过程。高炉炼铁是目前获得大量生铁的主要手段。它的原料是富矿或者烧结矿。燃料主要是焦炭，熔剂一般是石灰石。

高炉炼铁生产工艺流程主要包括以下几个环节：

（1）备料：天然富矿和熔剂一般由铁路车辆运来，卸料机和皮带运输机系统把原料存放在贮矿场，在那里进行分级、混合并合理地堆积，然后由取料机和皮带机系统运送到高炉车间装入料仓。如果是烧结矿，则由烧结厂用铁路车辆或者皮带运到炼铁厂装入料仓。对于焦炭，则由焦化厂的贮焦塔通过运焦车或皮带机系统运到炼铁厂转入焦炭仓。

（2）上料：通过料车或者带式运输机上料系统，按一定比例将原料、燃料和熔剂一批批有程序地装入高炉。送到炉顶的炉料由炉顶装料设备按一定的工作制度装入炉喉。

（3）冶炼：高炉冶炼是连续进行的。鼓风机连续不断地将冷风送到炼铁厂，经热风炉加热到 1 200 ~ 1 300℃（也有达到 1 400℃），通过炉缸周围的风口送入高炉。同时在风口区加入各种喷吹燃料和富氧。焦炭和鼓入的热空气燃烧后产生大量的煤气和热量，使矿石源源不断地熔化、还原。产生的铁水和熔渣贮存在高炉炉缸内，定期出渣和出铁。高炉炼铁过程会产生高炉煤气，经过除尘等后处理过程后，沿煤气管道输往各使用用户。

（4）产品处理：对于设有渣口的普通高炉来说，出铁前，先从渣口放出熔渣，用渣罐车把炉渣运到粒化池进行粒化处理。也有的高炉采用炉前冲水渣的方法。也有的高炉设有干渣坑，熔渣在那里浇铸成一块块干渣。出铁时，用开口机打开铁口，让铁水流入铁水罐车，再运到炼钢厂或者运到铸铁车间用铸铁机浇铸成铁块。

4. 转炉炼钢

目前转炉炼钢主要采用氧气转炉炼钢，其有几种方法：顶吹转炉、底吹转炉、顶底吹转炉、斜吹和测吹转炉等炼钢方法。

氧气转炉炼钢，就是利用氧气将铁水中的碳、硅、锰、磷等元素快速氧化到吹炼终点的要求，在吹氧的全部时间内，熔池中始终进行着强烈的元素氧化反应，只是在吹氧结束后很短的脱氧和合金化时间内，熔池中的反应才主要是还原反应。氧化反应放出热量，将入炉铁水加热到 1 833 ~ 1 933K。

转炉炼钢工艺过程是将炼钢的原料（主要是铁水、废钢、造渣剂）按量、按时加入到炉中，用水冷氧枪将一定压力、一定纯度的氧气从炉顶部喷吹到炉膛内，氧气将铁水中的硅、锰、碳、磷等元素迅速氧化到一定含量范围，并产生大量的化学反应热，使加入的废钢熔化并使得钢水温度迅速提高到规定值。这些元素氧化后，有的在高温下与造渣剂（石灰石等）反应生产炉渣，有的变成气体（转炉煤气）逸出，剩下的是钢水。由于此钢水在炼钢过程中吸收了过量的氧，因此要用锰铁、硅铁和铝等进行脱氧。这样就得到了所需要的钢水，供连铸、轧钢等工序使用。

5. 连铸

经炼钢过程生产出的合格钢水，必须通过一定的凝固成形工艺制成具有特定要求的固态材料，才能使用并进行后续加工。连铸正是钢水凝固成形工艺，其通过铸机直接把钢水凝固成钢坯。连铸的生产工艺是将炼钢的合格钢水用钢包运至浇注位置，通过中间包连续注入结晶器中，其热量被结晶器壁的冷却介质迅速带走，形成具有一定厚度的坯壳，同时经电磁搅拌、液位控制、结晶器振动并经拉坯机安全拉出结晶器，进入二次冷却区直接喷水快速冷却。通过二次冷却装置的铸坯逐渐凝固，同时经过二冷区电磁搅拌、凝固末端电磁搅拌，坯壳内的钢液全部凝固成钢坯以后，经矫直后由切断设备切成一定的长度，最后将其运送到下游工序。

6. 轧钢

炼钢系统生产的钢锭或者连铸坯，尚未完成钢铁工业生产的全部流程，也不是钢铁生产的全部目的。钢锭钢坯不能直接作为其他工业生产的原材料或直接用于社会消费，因此必须对其做进一步的加工，也就轧钢工序，制成各种形状并能满足各种用途的钢材。

轧钢，即用不同的工具对金属施加压力，使之产生塑性变性，形成具有一定尺寸形状的产品的加工方法。轧钢的方法有：（1）热轧法。将钢料加热到 1 000～1 250℃用轧钢机成材的方法。（2）冷加工法。将热轧后的钢材在再结晶温度以下继续进行加工，使之成为冷加工钢材，冷加工法包括冷轧、冷拔、冷弯、冷拉和冷挤压等方法。(3) 锻压法。用锻锤，精锻机、快锻机或者液压机将钢锭锻压成钢材、钢坯或锻件。(4) 挤压法。将坯料装入挤压机的挤压筒中加压，使之从挤压筒的孔中挤出，形成比坯料断面小，并有一定断面形状的型材、管材或空心材等。此外还有涂镀层钢材，也是钢材生产方法的重要组成内容。上诉四种方法中，热轧法是最主要的生产方法，约有90%的钢是采用热轧法直接成材或先经热轧，然后再采用其他加工方法成材的。

3.3　副产煤气系统分析

图 3 - 2 是钢铁企业生产过程简化示意图。从图中可以看到，在整个生产过程中产生三种煤气，即本研究中的副产煤气。钢铁企业副产煤气是指伴随钢铁冶炼过程中产生的各类具有物理能量和化学能量的气体能源副产品，主要包括：焦炉煤气（COG）、转炉煤气（LDG）和高炉煤气（BFG）。其中焦炉煤气是在焦化过程中在焦炉产生的；高炉煤气是在炼铁过程中在高炉中产生的；转炉煤气是在炼钢过程中从转炉中产生的。

三种煤气的基本性质如表 3 - 1 所示。1 吨煤在炼焦过程中大概可产生 $300 \sim 350m^3$ 的焦炉煤气。经过净化后的焦炉煤气是无色、有臭味的有毒气体，主要成分是 H_2（占 50% ~ 60%）和 CH_4（占 25% ~27%），着火温度约 550 ~ 650℃，理论燃烧温度为 2 150℃。焦炉煤气是高热值气体燃料，在三种副产煤气中热值最高，超过 17 000kJ/m^3，主要用做焦炉和烧结炉的燃料，还可以作为民用煤气；转炉煤气是纯氧顶吹转炉炼钢过程中在 1 600℃ 以上的高温排出的气体，其中含有 60% ~90% 的 CO，热值一般为 7 500 ~ 8 000kJ/m^3，每吨钢可回收 70～100m³ 的转炉煤气。净化后的转炉煤气是有毒的可燃气体，泄漏出来极易造成人身中毒，主要用户为各种加热炉；高炉煤气是高炉炼铁的副产品，主要成分是 CO（25%～30%）和 CO_2（14%～16%）其特点是气量大、热值低，一般为3 000～3 800kJ/m³，净化后的高炉煤气是无色、无味、有毒的可燃气体，着火温度为700℃，理论燃烧温度为1 400～1 500℃，高炉煤气的主要用户为高炉热风炉、焦炉等设备。此外钢铁企业为了提高副产煤气的使用效率，将三种热值不同的副产煤气进行混合，得到混合煤气，主要用做轧钢等工艺的加热炉的燃料。

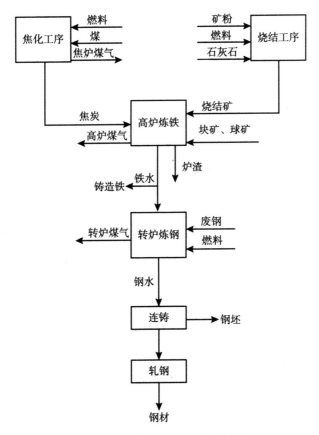

图 3-2　钢铁生产工艺过程示意图

表 3 - 1　　　　　　　　　　三种副产煤气的性质

种类	主要成分及大体上含量	热值	特征
焦炉煤气（COG）	H_2：50% ~ 60% CH_4：25% ~ 27% CO：6% ~ 7%	17 598 ~ 18 855kJ/m^3	低毒性 高热值
转炉煤气（LDG）	CO：60% ~ 90%	7 500 ~ 8 000kJ/m^3	高毒性 中等热值
高炉煤气（BFG）	CO：25% ~ 30% CO_2：14% ~ 16%	3 000 ~ 38 000kJ/m^3	高毒性 低热值

　　副产煤气是钢铁企业生产中主要的气体燃料，是非常重要的二次能源。与钢铁企业的其他能源来源（比如石油、电力和液化天然气）不同的是，副产煤气是在钢铁生产过程中连续产生的，没有附加费用但不能被过长时间保存。副产煤气产生之后，被用作生产燃料或者锅炉燃料被消耗掉。由于副产煤气的产生和消耗是没有规律的，加之偶尔有检修、停风等特殊情况的发生，副产煤气的产生和消耗就不出现短暂的不平衡。当煤气供大于求的时候，为了保证管网压力不能过大，就要对一部分富余气体进行放散；反之当煤气供小于求的时候，就要外购石油、煤粉等燃料。显然这两种情况都会造成能源系统生产成本的增加。很多钢铁企业通过购买副产煤气柜来缓解煤气供需不平衡的问题，虽然煤气柜可以短时间存储适量气体，但是由于其成本昂贵、容量有限，所以不能从根本上解决问题。而本书的研究正是要通过对煤气系统进行优化调度来解决煤气供需不平衡的问题。

　　副产煤气系统属于钢铁企业流程工艺的子系统，由副产煤气及其产生、存储、传输、消耗设备所构成。系统中设备繁多，主要涉及的产生设备包括焦炉、高炉、转炉；存储设备包括副产煤气柜；消耗设备包括热力厂中的锅炉以及钢铁厂中所有需要加热的各种设备；副产煤气通过各种管道传输，其工艺路线也非常复杂，涉及的管线上千条，遍布全厂，测量各种参数的仪表也达到上千台。

　　为了便于将这个复杂系统抽象为数学模型，本书将副产煤气工艺流程进行了简化和总结概括。简单描述副产煤气系统的工艺流程是：焦炉煤气、高炉煤气和转炉煤气分别由焦炉、高炉和转炉产生；三种副产煤气产生之后，一部分直接或者混配后用做钢铁生产过程中各种设备的燃料，另一部分进入副产煤气柜中储存；煤气柜中储存的煤气可以用做锅炉的燃料将水转化为蒸汽，进一步转化为电力。如图 3-3 所示。

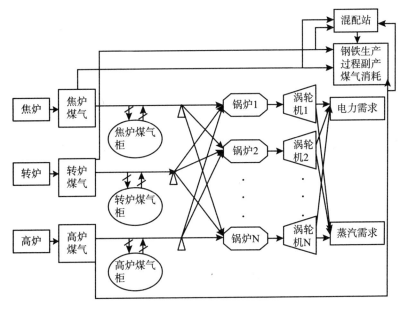

图 3-3　钢铁企业副产煤气系统

3.4　副产煤气系统"三系统两层面"框架的构建

3.4.1　"三系统"的构建

　　根据简化后的副产煤气的流程分析，本章确立了优化调度问题研究的对象。

对于任意一个钢铁企业，无论规模大小、生产工艺如何不同，但是涉及的副产煤气系统都可以看作是三个子系统的集成，即本章所定义的副产煤气的产消系统、副产煤气的存储系统和副产煤气的再生系统。如图3-4所示。

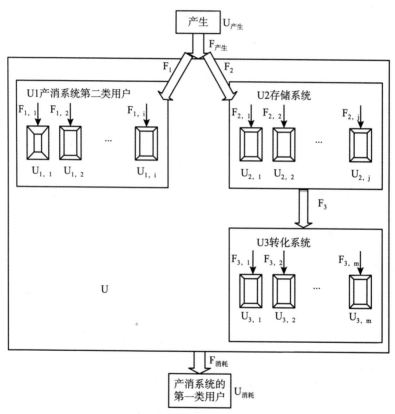

图3-4 钢铁企业副产煤气"三系统"示意图

其中副产煤气的产消系统是指包括焦炉、高炉和转炉在内的钢铁企业生产系统。这个系统既产生大量的副产煤气，同时将部分副产煤气作为生产设备所需燃料消耗掉。将此系统中消耗副产煤气的用户分为两类。第一类是单一消耗副产煤气作为燃料的用户。这类用户由于生产设备限制，只能消耗三种煤气中的某一种。第二类是可以混烧副产煤气或者其他燃料的用户；副产煤气的存储系统是指企业的副产煤气柜，它本身并不消耗副产煤气，只是对副产煤气进行短暂的存储，缓解煤气的供需不平衡问题，起到一定缓冲作用。副产煤气的转化系统是指钢铁企业的热力厂。在热力厂，副产煤气作为锅炉燃料提供热量，使水变为水蒸气进入涡轮机发电。

通过对钢铁企业副产煤气三个子系统的划分，可以得到以下结论：

（1）产消系统的第一类煤气消耗用户只能以副产煤气作为燃料，所以它们所需要的煤气量是必须保证的；这类用户所消耗的煤气种类是固定的，消耗量仅受生产计划的制约，不能够人为对其进行优化控制。

（2）在确保煤气稳定供给，单元设备安全生产的前提下，产消系统的第二类煤气消耗用户、存储系统和转化系统中的用户所消耗的煤气种类及煤气量都是可分配调节的；因此，这三类用户集成的整体是钢铁企业煤气优化调度问题的研究对象。正是因为这三种用户的存在，才使得整个系统的优化调度有实际意义。

（3）副产煤气的产生量和产消系统的第一类煤气消耗用户的消耗量分别作为优化系统的输入值和输出值。对输入值和输出值进行准确实时预测，是系统实现动态优化调度的前提。

3.4.2 "两层面"的构建

"三系统"确定了优化调度的研究对象的范围，而"两层面"则是指优化建模的思考角度。钢铁企业优化调度的原理是，在保证生产安全稳定的前提下，达到能源利用效率最大化。前人研究中往往考虑一些显性成本的优化，比如减少煤气放散带来的经济损失等；但是忽略了一些隐性成本的优化，例如当煤气频繁波动且有放散趋势时，会造成操作费用的升高并产生由不安全因素所带来的附加惩罚成本。只有综合考虑显性成本和隐性成本两个方面，才是科学合理的。

综上所述，本书以上述"三系统"的整体为优化调度对象，从隐性成本和隐性成本"两个层面"进行建模，提出了适用于钢铁企业副产煤气系统的"三系统两层面"框架。这个理论的提出，从以下三个方面完善了前人研究中存在的几个问题。

（1）前人对副产煤气的优化调度研究仅局限于对其中的存储系统和转化系统进行建模，而忽略了产消系统中的第二类用户。这无疑造成了调度的不准确性，因为得到的仅仅是局部最优解，并不是整体的最优结果。而本书构建的"三系统"框架，真正以系统的视角，从副产煤气的全局角度出发进行优化调度。

（2）用数学方法和统计方法对副产煤气产生量 $Q_{产生}$ 和产消系统第一类用户 $Q_{消耗}$ 进行实时预测，并将预测结果分别作为优化系统的实时输入值和输出值，真正意义上实现了系统的实时动态优化调度。

（3）目前国内研究在对钢铁企业副产煤气调度时，往往只注重"显性指标"层面的优化，而忽略了一些"隐性指标"层面的优化。而"三系统两层面"框架的构建综合考虑了显性和隐性成本，调度结果更具科学合理性。

3.4.3 "三系统两层面"框架的构建

在对副产煤气系统进行深入研究分析的基础上，以"三系统两层面"框架为基础，对系统进行建模。假设在 Δt 时间内。

（1）图 3 - 4 中，对于系统 U，系统的输入值等于输出值与 U 内部消耗煤气量之和，即

$$F_{产生} = F_{消耗} + F_1 + F_2 \qquad (3-1)$$

其中：$F_{产生}$ 表示 Δt 时间内，进入系统的副产煤气流量和；

$F_{消耗}$ 表示 Δt 时间内，流出系统的副产煤气流量和；

$(F_1 + F_2)$）表示 Δt 时间内，系统 U 内部消耗的煤气量。

要对系统 U 中的副产煤气实现实时优化调度，首先要知道 $F_{产生}$ 和 $F_{消耗}$ 的值。

（2）进入系统的煤气流量和计算公式可以表示为

$$F_{产生} = \sum_{g=1}^{3} \int_0^{\Delta t} v_{产生,g} \qquad (3-2)$$

其中：$v_{产生,g}$ 是第 g 种副产煤气流入系统的瞬时流速。这部分的煤气产生量的预测模型的建立将在本书第 4 章详细讨论。

（3）进入系统的煤气流量和计算公式可以表示为

$$F_{消耗} = \sum_{g=1}^{3} \int_0^{\Delta t} v_{消耗,g} \qquad (3-3)$$

其中 $v_{消耗,g}$ 是第 g 种副产煤气流出系统的瞬时流速。这部分的煤气消耗量的预测模型的建立将在第 5 章详细讨论。

（4）对于系统 U 内部的 U_1 建模，假设 U_1 内部有 i 个用户消耗副产煤气，则有

$$F_1 = F_{1,1} + F_{1,2} + \cdots + F_{1,i} \qquad (3-4)$$

其中 $F_{1,i}$ 是每个用户消耗的煤气量之和；

对 U_2 建模，假设 U_2 内部有 j 个副产煤气柜，则有

$$F_2 = F_{2,1} + F_{2,2} + \cdots + F_{2,j} + F_3 \qquad (3-5)$$

其中 $F_{2,j}$ 是流入每个副产煤气柜的流量，F_3 为流出副产煤气柜的流量之和；

对 U_3 建模，假设 U_3 内部有 m 个锅炉消耗煤气，则有

$$F_3 = F_{3,1} + F_{3,2} + \cdots + F_{3,m} \qquad (3-6)$$

其中 $F_{3,m}$ 是每个锅炉在 Δt 时间内消耗的煤气量之和。

调度的目的是保证系统 U 内部的生产稳定的前提下对煤气的流量和分配比例进行优化以提高能源利用效率。究竟如何确定优化目标，优化调度的约束条件有哪些，每个子系统流入和流出的气体量是多少，每种副产煤气以何种比例进行分配，将在本书第 6 章详细讨论。

3.5 本章小结

本章在对钢铁企业副产煤气工艺流程深入研究、详细分析的基础上，构建了适用于钢铁企业煤气优化调度的"三系统两层面"框架。将副产煤气系统定义为三个子系统的集成体，进而分析了钢铁企业煤气系统内各个子系统的关系，确定了研究工作中待优化调度对象的范围，并且提出了在对系统进行优化建模时应该综合考虑显性成本和隐性成本。

第 4 章

钢铁企业副产煤气
产生量的预测模型

4.1　引　　言

根据上一章介绍的钢铁企业副产煤气"三系统两层面"框架，将副产煤气的产生量和产消系统中第一类消耗用户的煤气消耗量作为优化系统的输入值和输出值，需要分别采用数学方法进行建模预测，并且预测的精度和模型拟合度直接影响副产煤气优化调度的准确性。因此，本章和下一章将分别对副产煤气的产生量和第二类消耗用户消耗量的建模预测进行研究。

目前，我国钢铁企业对副产煤气产生量预测大部分是在一个相对较长的时间段上所做的静态预测，而不是实时的动态预测。这就只能在某种程度上作为企业平衡结算和宏观发展的参考，但是无法为动态优化调度提供准确的前期数据。因此，对于钢铁企业副产煤气产生量的实时预测对于实现副产煤气系统的优化调度至关重要，是首先要解决的问题。

一般对于钢铁企业副产煤气产生量的预测，主要通过以下五个步骤进行研究和分析。

（1）确定副产煤气产生量的预测周期（年、月、日或者小时产生量)，搜集相应的历史数据作为原始数据；

（2）分析整理原始数据，使其具有正确性、完整性、可比性和连贯性，能够反映副产煤气产生的规律性；

（3）选择适合预测对象的预测方法和模型；

（4）采用适合的预测方法和模型进行预测；

（5）对预测结果进行分析和修正。

综合来看，预测的核心问题主要包括两个方面：一方面是对原始数据分析与整理，合理剔除一些数据整理错误引起的离群值；另一方面是选择合适的预测方法建立模型。本章将分别从这两个方面对副产煤气的产生量进行建模预测，并通过算例分析，对建立的预测模型进行检验。

4.2　离群数据挖掘

目前，我们已经进入了一个信息化、多元化的时代，随着计算机技术的飞速发展，人们采集数据的能力大幅度提高，远远超过人们处理数据的能力。寻找有价值的信息变得困难，更加无法根据现有的数据来预测未来的发展趋势，这样就导致了"数据丰富而知识贫乏"的现象[119]。人们希望开发出强大的数据分析系统。在这样的背景之下，20 世纪 80 年代末期数据挖掘（Data Mining）技术诞生，尽管起步至今仅有十几年的历史，但已显示出蓬勃的生命力，这种人工智能与机器学习相结合的技术目前广泛应用于各个领域，比如电力系统的负荷特性分析和预测中也得到了应用[120,121]。

离群数据挖掘是数据挖掘领域的研究热点之一，具有广阔的应用前景，目前主要应用于金融、数据分析、网络安全、电信、天文物理等行业。这一领域已经引起数据库、机器学习、统计学等专家学者的浓厚兴趣和关注。

在钢铁企业副产煤气系统的运行过程中积累了海量的数据，其数据量庞大、数据集种类繁多、数据来源也非常广泛。这些数据中蕴含着的煤气特性和规律是我们所感兴趣的，并且是研究副产煤气产生量预测的基础和关键。同时，这些数据中也包含着由于仪表误差或人为因素所引起的噪声、错误信息和数据缺失等现象，这些会对预测产生干扰，降低预测的精度，是我们需要在预测之前剔除的。离群数据挖掘理论就是应用于副产煤气系统产生量预测的前期数据处理中，对煤气产生量历史数据中的离群点进行定位和修正，为后续的产生量预测工作打下良好的基础[122]。

4.2.1　数据挖掘

数据挖掘（Data Mining，DM），就是从大量的、不完全的、有噪声的、模糊的、随机的实际应用数据中，提取隐含在其中的、人们事先不知道的、但又潜在有用的信息和知识的过程[123,124]。简而言之，数据挖掘就是在一些事实或观察数据的集合中寻找模式的决策支持过程。数据挖掘的对象可以是关系数据库、面向对象数据库、事务数据库，也可以是多媒体数据库、空间数据库、时间序列数据，还可以是数据仓库及文件系统等。数据挖掘是知识发现过程的一个步骤，要面对大量的模糊的数据。数据挖掘是一门交叉学科，涉及很多不同领域的方法。如数据库技术、模式识别、数理统计、机器学习、人工智能等。

在我们的实际应用中，常常要接触到的数据模式为时间序列，即观测所得的数据序列是按照时间的顺序进行排列的[125]，而副产煤气产生量数据正是典型的时间序列。如果对时间序列进行分析，从中获取所蕴含的关于生成时间序列的系统的演化规律，以完成对系统的观测及其未来行为的预测，这在工程应用中是具有重要的价值和意义的。这就提出了时间序列数据挖掘的概念：时间序列数据挖掘（Time Series Data Mining，TSDM），基于一个或多个时间序列的数据挖掘称之为时间序列数据挖掘，它可以从时间序列中抽取时序内部的规律用于时序的数值、周期、趋势分析和预测等[126,127]。

4.2.2 离群数据挖掘的概念

至今为止，对于离群数据还没有一个一般的、统一的并且大众普遍接受的离群数据的定义。以下是几种不同形式的离群数据定义方法[128]：

（1）Hawkins - Outlier 离群数据：是指那些观测值远远偏离其他观测值，以至于使人怀疑它们是另外一种不同机制产生的。

（2）DB（pct，dmin）- Outlier：在数据集 Ω 中，给定到点 p 的距离 dmin，若至少有 pct% 的数据到 p 的距离大于 dmin，则称数据 p 为 DB（pct，dmin）- Outlier 离群数据。

（3）Local Outlier（局部离群数据）：离群数据以它邻域的数据为参照，看其他离群的可能性，即计算出每个数据点的离群因子，挑选出离群因子最大的几个作为局部离群数据。

那么，可以对离群数据进行这样的理解：在时间序列中，经常存在着明显偏离其他数据、不满足数据的一般模式或者行为，是与存在的其他数据不一致的数据，我们称这种数据为离群数据。对离群数据进行挖掘和分析称之为离群数据挖掘。

由于离群数据的存在，改变了时序数列的各项统计参数如平均值、方差和均方差等，使估计或者预测出现偏差，从而导致错误的结论。因此，通过数学方法将离群数据进行挖掘对于预测来讲至关重要。

4.2.3 离群数据挖掘的一般方法

目前，对于离群点的数据挖掘和分析主要有四种方法，即基于统计学的方法、基于偏离的方法、基于距离的方法和基于规则的方法。不同的方法对离群点的定义不同，所发现的离群点也不相同。目前比较常用的方法是基于 k 最近邻法对离群数据进行挖掘[129-131]。其指导思想是离群数据总是远离大部分的数据。具体方法如下：

对于 N 个数据点的集合 Ω，任取 $p \in \Omega$，记 $D(p, x)$ 为点 p 与点 $x \in \Omega$ 之间的距离。对于集合 Ω 中不包含点 p 的数据点集合的 $D(p, x)$ 按照从小到大的顺序进行排列，得到序列 $\{D(p, x_1), D(p, x_2), \cdots, D(p, x_{n-1})\}$，记序列中第 k 个值 $D(p, x_k)$ 为点 p 的第 k 个最近邻点与点 p 的距离，记为 $D^k(p)$。对于集合 Ω 中所有的点，给定整数 n 和 k，将点 $p \in \Omega$ 的 $D^k(p)$ 按照从大到小的顺序进行排列，其中前 n 个为离群数据点。在这个方法中，我们用 $D^k(p)$ 作为衡量离群数据的度量，那么，$D^k(p)$ 越大，就表示点 p 邻域内的数据分布点的离群程度越强。时间序列数据的离群数据挖掘主要是时间序列数据点的 k 近邻查询，找到输入数据集合的前 n 个 $D^k(p)$ 最大的数据点即为该时间序列数据的离群数据点。其中时间序列中两点数据之间的距离采用欧氏距离计算。

4.3 常用的预测方法介绍

4.3.1 直观预测法

直观预测法是一种定性预测，也称直观判断法。它是依靠人的直观判断能力对未来状况进行预测的方法。因此，其准确程度取决于预测者的主观经验水平等。这种方法仅适用于缺乏准确数据的情况下。常用的直观预测法有主观概率法、头脑风暴法和特尔斐法等。

4.3.2 回归分析法

回归分析法是一种理论性很强，应用很广泛的定量预测方法。它从一组样本数据出发，通过分析预测对象与有关因素的相互联系，建立变量之间的数学表达式,对其可信程度进行检验并用数学模型预测未来状态。回归分析法可由给定的多组自变量和因变量来研究二者的关系。根据自变量个数的多少,分为一元回归和多元回归模型;根据是否线性,分为线性回归和非线性回归。对于线性回归参数可以用最小二乘法进行求解。

一元线性回归分析的模型为:

$$y = a + bx \tag{4-1}$$

多元线性回归分析的模型为:

$$y = a_0 + \sum_{i=1}^{n} a_i x_i \tag{4-2}$$

回归分析一般回归分析在解决预测问题上往往具有一定的局限性。当系统比较复杂且数据量比较大的时候,回归分析法很难找到理想的数学模型进行分析,预测精度不高[132]。

4.3.3 灰色系统预测法

灰色系统[133,134]是指系统中含有已知信息,又含有未知信息的系统。

灰色系统预测利用已知的小样本信息建立灰色预测模型,确定系统未来的变化趋势。即通过建立 GM 模型群,研究系统的动态变化,掌握发展规律,控制未来发展的方向。

目前最常用的灰色预测模型是 GM(1,1)模型。建模时,将系统看成灰色系统,采用累加生成法把历史数据进行灰数生成,建立 GM(1,1)模型进行求解,然后用累减还原法得到预测值。

灰色预测模型属于非线性拟合外推预测方法,由于建模灵活、所需数据量小等优点,在自然科学和社会科学等领域得到广泛应用。但是同时也有一定的局限性:数据灰度越大,预测的精度越差;而精度高,具有实际意义的数据的预测值,仅仅是靠前的几个数据,越后面的数据的预测精度越差。此外,灰色系统建模的前提条件是数据序列为光滑离散函数。而且模型仅仅能够描述一个随时间按指数规律增长或减少的过程[135,136]。

4.3.4　指数平滑法

指数平滑法[137]是一种曲线拟合法,其预测的思想是不同历史时期的数据对未来预测值的影响大小是不同的,距离预测值时间越近的历史值的影响越大,时间越远的历史值的影响越小,所以对距离预测值太久远的历史数据值不需要做太精确地拟合。反映这个原则的权数是按照等比例数列逐级递减的。权数的首项称为平滑常数,用 α 表示,公比则为 $(1 - \alpha)$。根据历史时期观测数据组成的序列值 x_1,x_2,$\cdots$,x_t,然后对数组进行加权平均得到预测的数据值。用指数平滑法进行预测时,有线性模型和二次曲线模型两种形式。

指数平滑法适用于短周期的负荷预测,不适于过长时期的负荷预测[138,139]。

4.3.5　多层递阶回归分析法

多层递阶预测法是运用现代控制理论中的系统辨识方法提出的一种预测理论,它将预测对象看做随机动态的变化系统,不采用固定参数预测模型。这种方法的基本思想是把时变系统的状态预测分离成对时变参数的预测和在此基础上对系统的状态预测两个部分,对时变参数的预测使得状态预测的误差随之减小。多层递阶回归法认为系统是一个一维或者多维的时间序列,从系统的外部特征着手,建立输入输出模型。由于其建立在对大量历史数据的多层分析上,因此使得预测模型的精确性有所提高。

多层递阶回归分析是综合了回归分析法和多层递阶方法的优点,既较好地体现了高相关因子的重要作用,又充分考虑了动态系统的时变因素，因此预测的精度和稳定度都较为理想，适用于系统的短、中期和长期预测。

4.3.6　时间序列法

时间序列是按时间顺序的一组数字序列。时间序列分析就是利用这组数列，应用数理统计方法加以处理，以预测未来事物的发展。时间序列分析是定量预测方法之一，它的基本原理：一是承认事物发展的延续性。应用过去数据，就能推测事物的发展趋势。二是考虑到事物发展的随机性。任何事物发展都可能受偶然因素影响，为此要利用统计分析中加权平均法对历史数据进行处理。时间序列预测一般反映三种实际变化规律：趋势变化、周期性变化、随机性变化。

时间序列分析一般适用于比较复杂的系统，尤其适用于难以得到系统各影响因素的确切数值的系统预测问题。

4.3.7　神经网络法

神经网络方法[140-142]是预测领域的一个重大突破，它与传统的预测方法相比，避免了显性表达的缺陷，将传统的函数关系转化为一种非线性映射，将传统函数的自变量和因变量作为网络的输入和输出。神经网络是模拟人脑神经网络的结果与功能特征的一种技术系统。它用大量的非线性并行处理器来模拟众多的人脑神经元，用处理器间错综灵活的连接关系来模拟人脑神经元间的行为，是一种大规模并行的非线性动态系统，可以映射任意复杂的非线性关系，因此在预测领域得到了广泛的应用。

前馈型神经网络是目前广泛应用的一种神经网络模型，它包括输入层、中间层和输出层，可以看作是输入和输出之间的一种非线性映射。实现这种映射不需要知道研究对象的内部结构，只要通过对有限多个样本的学习达到对研究对象内部结构的模拟。

　　神经网络具有高度的非线性运算和映射能力、自学习和自组织能力，能够任意精度逼近函数的高度灵活和适应性强等优点。但是它也有一些需要解决的问题。利用神经网络的核心是对系统规律的提取，如果预测的用户的数据变化杂乱无章，预测可能就无法达到精度。因此，利用神经网络预测的时候要先对数据的变化特点有一个大致的分析，只有这样，随后的建模预测才有实际意义[143-146]。

4.3.8　模糊理论法

　　模糊预测方法是模拟人脑的工作过程，仅仅模拟专家的推理和判断方式，并不需要建立精确的数学模型。这种模糊规则的理论基础是其在理论上可以逼近任意的非线性映射。由于其可以通过函数网络进行描述，这点与神经网络有相似之处。不同之处在于节点的输入输出函数具有局部性，而一般的神经网络节点的输入输出函数为具有全局性的函数，所以这种方法也被称为模糊神经网络。

　　模糊预测方法虽然有其自身优势，但是也有一些不足[147]。比如学习能力较弱，当映射区域划分不够细致的时候，映射函数的输出比较粗糙，而且受主观因素的制约强烈。

4.3.9　小波分析法

　　小波分析的起源可以追溯到 1910 年哈尔（Harr）提出的 Harr 函数，并逐步发展成 20 世纪最伟大的一门数学理论和方法之一。小波分析是一种时域—频域分析，在两方面都有很好的局部化性质，是傅里叶分析的突破性进展。小波变换能够将各种交织在一起的不同频率的混合信号分解成不同频带上的块信号。通过对原始数据进行小波变换，可以将各个子序列投影到不同的尺度上，使各个子序列的周期性更强烈。随后，对各个子序列分别进行预测，通过序列重组得到原来的完整的预测结果。小波分析预测有广阔的应用前景，但是目前国内外有关小波分析预测的实际应用的文献还比较少，还有待于进一步研究应用。

4.3.10　预测方法小结

上面简单介绍了目前比较常用的预测方法。很难简单去比较这些方法孰优孰劣，不同的方法适用于不同类型的数据。方法的选择主要根据待预测系统的原始数据的特点，在实际预测中要根据数据特点灵活选择预测方法。为了选择合适的预测方法对副产煤气产生量进行预测，下面将会对影响副产煤气产生量的各因素进行简单介绍，为选择预测方法提供理论依据。

4.4　煤气发生影响因素及模型选择

4.4.1　焦炉煤气的发生机理及影响因素

焦炉煤气是炼焦的副产品。炼焦是装炉煤在焦炉炭化室内经过高温干馏转化为焦炭及焦炉煤气的工艺过程。

煤在炼焦时产生的煤气是煤的组成物质在高温分解时的产品。煤在隔绝空气的情况下逐渐加热时形成煤气的过程为：

第一阶段是煤的基本物质的分解，主要生成一氧化碳和二氧化碳。此过程温度为400℃此时逸出的煤气量约为正常炼焦生产总煤气量的5%～6%；第二阶段即从开始分解直到温度为550℃的期间内，煤气大量逸出。在这阶段内产生的原焦油，由于炉内的高温进一步分解，变成高温炼焦的焦油并同时产生煤气；这部分煤气主要是由氢和许多碳氧化合物所组成，占焦炉煤气总量的40%～50%；第三阶段，当形成的半焦炭继续炼焦时煤气均匀地逸出，其体积约为炼焦煤气总量的40%；在这阶段内煤气组成的特征是氢的含量很高。

在炼焦过程中，影响焦炉煤气发生率既有原料煤自身因素，也有在工艺操控中的因素。

1. 煤料的质量对焦炉煤气产率和组成的影响

煤的质量特性用水分、灰分、挥发分、胶质层实验指标和元素成分来表示。煤内的水分增加，焦炭的碳素生成水煤气，而增加了煤气内一氧化碳和氢的含量，因此煤气的产率随煤内水分的增加而提高，反应式如下：

$$C + H_2O \rightarrow H_2 + CO_2$$

煤的另一个主要指标是挥发分。焦炉煤气的组成是随着挥发分而变化的。按照煤气组成的变化其发热量也随之改变。煤气的发热量随着煤内挥发分的增加成比例的提高。

2. 炼焦温度

在工业的条件下，焦炉的操作可能按照三个互相联系的因素而变化：

（1）燃烧室内的温度（决定炭化室炉墙的温度）；

（2）推出焦饼的温度；

（3）结焦时间（平均速度）。

如果其中一个因素保持不变，则其余两个可以变化。有研究结果表明，当推出焦炭的温度不变时，缩短结焦时间而使煤气的产率和其中的含氢量提高。当结焦时间不变时提高加热系统的温度和推出的焦炭的温度（即总的结焦温度），使煤气的产率增大，增加了煤气内的含氢量和降低了甲烷和碳氢化合物的含量并且使煤气的发热量降低[148]。

3. 焦炉的压力制度

当炭化室内呈真空状态时不可避免地将由加热系统吸入废气和由炉门吸入空气。此时不仅炼焦煤气被氮冲淡使煤气内增加了氮的氧化物，并且产生了缩孔和烧蚀等，也破坏了炭化室耐火砖砌体的完整性。当煤气的压力大时，炼焦煤气和其中所含的化学产品可能通过炭化室炉墙进入加热系统内而大量的损失。因此焦炉操作的压力制度对于煤气的产量和质量的影响非常大。

由上可知,影响焦炉煤气产率的因素主要有炼焦煤煤质和温度、压力制度。当焦炉煤气的产率一定时,焦炉煤气的发生量与焦化产量或者炼焦煤的消耗量有关。

4.4.2 高炉煤气的发生机理及影响因素

高炉煤气是从高炉炉顶逸出的煤气,是高炉炼铁过程中的副产品。高炉是一种竖炉型逆流式反应器。高炉炼铁是用还原剂(焦炭、煤等)在高温下将铁矿石或含铁原料还原成液态生铁的过程。高炉炼铁过程主要发生的反应为:

$$2C + O_2 = 2CO$$

$$FeO + C = Fe + CO$$

$$FeO + CO = Fe + CO_2$$

$$Fe_3O_4 + CO = Fe + CO_2$$

$$3Fe_2O_3 + CO = 2Fe_3O_4 + CO_2$$

由于鼓风中 N_2 不参加反应,因此炉缸煤气只由 CO、CO_2 和 N_2 组成。

在炼铁过程中,影响高炉煤气发生量的因素有:

1. 原料条件

高炉煤气的产生量与原料矿石的还原率密切相关。原料还原率越高,产生的高炉煤气量就越多。而原料的还原率与原料矿石的粒度、孔隙度以及微量杂质的含量有关。一般来说,原料矿石的粒度越小、孔隙度越大、含有的微量杂质(一般指碱金属及碱土金属的氧化物)越多,其还原性就越强,产生的高炉的煤气量就越多。

2. 操作制度

操作制度影响主要是指高炉炼铁过程中炉内的温度和压力对高炉煤气产生量的影响。

温度的提高能提高各环节的速率。但是温度能引起矿球空隙度的改变，从而又间接地对还原速率产生了影响。因此适合的温度会增加高炉煤气的产量。

压力主要是通过对还原气体浓度的变化起作用。在保持高炉炼铁顺利安全操作的前提下，提高压力可使还原加快。当采用高压炉顶操作时，还原气体的压力增大，在一定程度上，有利于还原速率的提高。

3. 喷煤技术的使用

向高炉内喷吹煤粉以代替资源贫乏、价格昂贵的冶金焦炭，可达到降低焦比、降低生铁成本的目的。另外，喷煤技术的使用还可以增强高炉煤气的还原能力，增加高炉煤气产量。

总体来说，高炉炼铁过程是在高条件下进行的复杂的物理化学反应，并充满了动量、热量与质量传输过程等复杂现象，而这些复杂现象又直接关系到高炉内的还原反应。原料矿料的粒度、孔隙度和矿石中杂质的存在都会影响还原率。温度和压力制度会影响还原过程，以及喷煤技术也会影响高炉煤气发生量。影响高炉煤气发生量的因素众多而且关系复杂。

4.4.3　转炉煤气的发生机理及影响因素

转炉炼钢主要是以液态生铁为原料的炼钢方法。转炉炼钢吹炼时靠化学反应热加热，不需外加热源，靠转炉内液态生铁的物理热和生铁内各组分（如碳、锰、硅、磷等）与送入炉内的氧进行化学反应所产生的热量，使金属达到出钢要求的成分和温度。转炉炼钢过程中，溶解于铁液中的碳在氧的作用下可发生下列反应产生转炉煤气：

$$C + \frac{1}{2}O_2 = CO$$

$$C + O_2 = CO_2$$

$$CO + O = CO_2$$

$$C + CO_2 = 2CO$$

$$C + O = CO$$

$$C + FeO = CO + Fe$$

影响转炉煤气发生量的因素有：

1. 原料条件

炼钢过程中，脱碳反应生成 CO、CO_2，因此铁水中碳含量越高，转炉煤气发生率越大。废钢是转炉主要金属料之一，它是冷却效果比较稳定的冷却剂。铁水和废钢的装入数量，决定转炉产量、炉龄及其他技术经济指标的重要因素之一。

2. 装入制度

装入制度是指一个炉役期中装入量的安排。装入制度有三种：定量装入、定深装入和分阶段定量装入法。分阶段定量装入法兼有前两者的优点，是生产中最常见的装入制度。装入制度不同，装入的原料量不同因此转炉煤气的发生量也就不同。

3. 搅拌强度

脱碳速率与供氧强度及熔池的搅拌强度有关，随着供氧强度的提高而增大。熔池的搅拌程度与氧射流的冲击强度密切相关。氧射流冲击力大，则射流的穿透深度大，冲击面积小，对熔池的搅拌强烈；反之，则射流的穿透深度小，射击面积大，对熔池搅拌弱。在氧射流的作用下，熔池将受到搅拌，产生环流、喷溅、振荡等复杂的运动。搅拌强度越大脱碳速率越大，转炉煤气发生量越大。

由上可知，影响转炉煤气发生量的影响因素有铁水本身碳含量，铁水和废钢的装入量，以及供氧强度等众多因素。炼钢过程所涉及的物理变化和化学反应是复杂的，影响转炉煤气发生量的因素众多而且关系复杂。

4.4.4 预测方法选择

根据上面介绍，我们可以看出，三种副产煤气的产生过程十分复杂，有众多已知影响因素，但还有很多未知因素待研究；而且这些影响因素中有很多在实时数据的获取方面有困难。综合考虑后，参考前人的研究结果，本书采用 ARMA 时间序列方法对副产煤气产生量进行建模预测。

4.5　ARMA 时间序列预测方法

ARMA 时间序列模型是一类常用的随机时序模型，由博克斯（BOX）、詹姆斯（Jenkins）创立，亦称 B－J 方法。它是一种精度较高的时序短期预测方法，其基本思想是：某些时间序列是依赖于时间 t 的一组随机变量，构成该时序的单个序列值虽然具有不确定性，但整个序列的变化却有一定的规律性，可以用相应的数学模型近似描述。通过对该数学模型的分析研究，能够更本质地认识时间序列的结构与特征，达到最小方差意义下的最优预测。

4.5.1　ARMA 基本模型概述

ARMA 模型有三种基本类型：自回归（Auto－Regressive，AR）模型、移动平均（Moving Average，MA）模型以及自回归移动平均（Auto－Regressive Moving Average，ARMA）模型。

1. 自回归模型

如果时间序列 y_t 是它的前期值和随机项的线性函数，即可表示为：

$$y_t = \phi_1 y_{t-1} + \phi_2 y_{t-2} + \cdots + \phi_p y_{t-p} + u_t \qquad (4-3)$$

则称该时间序列 y_t 是自回归序列，式为 p 阶自回归模型，记为 AR(p)。实参数 ϕ_1，ϕ_2，$\cdots$，ϕ_p 称为自回归系数，是模型的待估计参数。随机项 u_t 是相互独立的白噪声序列，且服从均值为 0，方差为 σ_u^2 的正态分布。随机项 u_t 与滞后变量 y_{t-1}，y_{t-2}，$\cdots$，y_{t-p} 不相关。为不失一般性，假定序列 y_t 均值为 0。若 $E_{yt} = \mu \neq 0$，则令 $y_t' = y_t - \mu$，可将 y_t' 写成上式的形式。记 B^k 为 k 步滞后算子，即

$$B^k y_t = y_{t-k} \qquad (4-4)$$

则模型可以表示为

$$y_t = \phi_1 B y_t + \phi_2 B^2 y_t + \cdots + \phi_p B^p y_t + u_t \qquad (4-5)$$

令

$$\phi(B) = 1 - \phi_1 B - \phi_2 B^2 - \cdots - \phi_p B^p \qquad (4-6)$$

模型可简化为：

$$\phi(B) y_t = u_t \qquad (4-7)$$

AR(p) 过程平稳的条件是滞后多项式 $\phi(B)$ 的根均在单位圆外，即 $\phi(B) = 0$ 的根大于 1。

2. 移动平均模型

如果时间序列 y_t 是它的当期和前期的随机误差项的线性函数，即可表示为：

$$y_t = u_t - \theta_1 u_{t-1} - \theta_2 u_{t-2} - \cdots - \theta_q u_{t-q} \qquad (4-8)$$

则称该时间序列 y_t 是移动平均序列，上式为 q 阶移动平均模型，记为 MA(q)。实参数 θ_1，θ_2，$\cdots$，θ_q 为移动平均系数，是模型的待估计参数。

引入滞后算子，并令

$$\theta(B) = 1 - \theta_1 B - \theta_2 B^2 - \cdots - \theta_q B^q \qquad (4-9)$$

则上式可简写为：

$$y_t = \theta(B) u_t \qquad (4-10)$$

移动平均过程无条件平稳，但通常希望 AR 过程与 MA 过程能相互表示，即为可逆过程。因此要求滞后多项式 $\theta(B)$ 的根都在单位圆外，经过推导得到

$$(1 - \pi_1 B - \pi_2 B^2 - \cdots) y_t = u_t \qquad (4-11)$$

上式称为 MA(q) 模型的逆转形式，它等价于无穷阶的 AR 过程。类似地，式满足平稳条件时，可改写为：

$$y_t = (1 + \varphi_1 B + \varphi_2 B^2 +) u_t \qquad (4-12)$$

上式称为 AR(p) 模型的传递形式，它等价于无穷阶的 MA 过程。

3. 自回归移动平均模型

如果时间序列 y_t 是它的当期和前期的随机误差项以及前期值的线性函数，即可表示为：

$$y_t = \phi_1 y_{t-1} + \phi_2 y_{t-2} + \cdots + \phi_p y_{t-p} + u_t - \theta_1 u_{t-1} -$$

$$\theta_2 u_{t-2} - \cdots - \theta_q u_{t-q} \qquad (4-13)$$

则称该时间序列是自回归移动平均序列，上式为（p，q）阶的自回归移动模型，记为 ARMA(p，q)。ϕ_1，ϕ_2，$\cdots$，ϕ_p 为自回归系数，θ_1，θ_2，$\cdots$，θ_q 为移动平均系数，都是模型的待估参数。

显然，对于 ARMA(p，q)，若阶数 q = 0，则是自回归模型 AR(p)；若阶数 p = 0，则称为移动平均模型 MA(q)。

引入滞后算子 B，上式可简记为：

$$\phi(B) y_t = \theta(B) u_t \qquad (4-14)$$

ARMA(p，q) 过程的平稳条件是滞后多项式 $\phi(B)$ 的根均在单位圆外，可逆条件是 $\theta(B)$ 的根都在单位圆外。

4.5.2　ARMA 时间序列预测步骤

采用 ARMA 时间序列方法进行预测主要按照以下步骤进行。

（1）序列分析：研究待分析序列性质，通过自相关函数来判断是否满足建模条件，如果不符合建立 ARMA 模型的条件，应考虑对原序列做适当的调整（例如进行差分或者附加其他函数等方法）；

（2）模型识别：根据时间序列的自相关函数和偏自相关函数的分布，确定是选用 AR、MA 还是 ARMA 时间序列模型，并对时间序列模型进行定阶；

（3）模型的参数估计：采用数学方法对确定的定阶时间序列模型进行参数估计，目前大部分都采用软件来进行计算；

（4）模型检验：参数确定后，应该对时间序列模型进行适合性检验，即对模型的残差进行白噪声检验，如果残差不是白噪声，则需要进一步改进模型。

由上面关于 ARMA 时间序列方法预测步骤可以看出，自相关函数和偏自相关函数是两个非常重要的概念。

构成时间序列的每个序列值 y_t，y_{t-1}，$\cdots$，y_{t-k} 之间的简单相关关系称为自相关。自相关程度由自相关系数 r_k 度量，表示时间序列中相隔 k 期的观测值之间的相关程度。

$$r_k = \frac{\sum_{t=1}^{n-k} (y_t - \overline{y})(y_{t+k} - \overline{y})}{\sum_{t=1}^{n} (y_t - \overline{y})^2} \qquad (4-15)$$

式中，n 是样本量；k 为滞后期；$\overline{y}$ 代表样本数据的算术平均值。

与简单相关系数一样，自相关系数 r_k 的取值范围是 $[-1, 1]$，并且 $|r_k|$ 越接近 1，自相关程度越高。

偏自相关是指对于时间序列 y_t，在给定 y_{t-1}，y_{t-2}，$\cdots$，y_{t-k+1} 的条件下，y_1 与 y_{t-k} 之间的条件相关关系。其相关程度用偏自相关系数 Φ_{kk} 度量，有 $-1 \leqslant \Phi_{kk} \leqslant 1$。

$$\phi_{kk} = \begin{cases} r_1 & k = 1 \\ \dfrac{r_k - \sum_{j=1}^{k-1} \phi_{k-1,j} \cdot r_{k-j}}{1 - \sum_{j=1}^{k-1} \phi_{k-1,j} \cdot r_j} & k = 2, 3, \cdots \end{cases} \qquad (4-16)$$

式中，r_k 是滞后 k 期的自相关系数。

在实际应用中，应该综合考察序列的自相关与偏自相关。将时间序列的自（偏自）相关系数绘制成图，并标出一定的随机区间，称为自（偏自）相关分析图。它是对时间序列进行自（偏自）相关分析的主要工具。

下面对建模步骤进行简要概述。

（1）序列分析。序列分析是 ARMA 时间序列建模的第一步，主要目的是来判断时间序列是否满足建模的条件，是否需要对序列做进一步的处理，例如序列差分。

序列分析主要是指分析序列的平稳性。若时间序列 y_t 满足：

①对任意时间 t，其均值恒为常数；

②对任意时间 t 和 s，其自相关系数只与时间间隔 $t - s$ 有关，而与 t 和 s 的起始点无关。

那么，这个时间序列就称为平稳时间序列。直观地讲，平稳时间序列的各观测值围绕其均值上下波动，且该均值与时间 t 无关，振幅变化不剧烈。序列的平稳性可以用自相关分析图判断：如果序列的自相关系数很快地（滞后阶数大于 3 时）趋于 0，即落入随机区间，时间序列是平稳的，否则，就需要在建模之前，对数据进行一些处理，使其达到平稳性。

（2）模型识别。模型识别就是通过对自相关函数和偏自相关函数进行分析，确定采用 ARMA 时间序列中三种模型中的那一种，并给模型定阶。

①MA（q）的自相关与偏自相关函数。

$$y_t = u_t - \theta_1 u_{t-1} - \theta_2 u_{t-2} - \cdots - \theta_q u_{t-q} \qquad (4-17)$$

样本自相关函数为：

$$\rho_k = \begin{cases} \dfrac{-\theta_k + \theta_1 \theta_{k+1} + \cdots + \theta_{q-k} \theta_q}{1 + \theta_1^2 + \theta_2^2 + \cdots + \theta_q^2} & 1 \leqslant k \leqslant q \\ 0, & k > q \end{cases} \qquad (4-18)$$

MA（q）序列的自相关函数 ρ_k 在 $k > q$ 之后全部是 0，这种性质称为自相关函数的截尾性。序列 MA（q）的偏自相关函数随着滞后期 k 的增加，呈现指数或者正弦波衰减，趋向于 0，这种特性称为偏自相关函数的拖尾性。

②AR（p）序列的自相关与偏自相关函数。

$$y_t = \phi_1 y_{t-1} + \phi_2 y_{t-2} + \cdots + \phi_p y_{t-p} + u_t \qquad (4-19)$$

偏自相关函数满足

$$\phi_{kj} = \begin{cases} \phi_j, & 1 \leqslant j \leqslant p \\ 0, & p+1 \leqslant j \leqslant k \end{cases} \qquad (4-20)$$

AR(p) 序列的偏自相关函数 ϕ_{kk} 是 p 步截尾的，当 k > p 时，ϕ_{kk} 的值是 0。与 MA(q) 序列相反，AR(p) 序列的自相关函数呈指数或者正弦波衰减，具有拖尾性。

③ARMA(p, q) 序列的自相关与偏自相关函数。

ARMA(p, q) 的自相关函数和偏自相关函数均是拖尾的。

（3）模型的参数估计。

模型定阶后，应进行参数估计。目前，普遍采用软件对其进行求解。一般来说，MA 模型的参数估计相对困难，应尽量避免使用高阶的移动平均模型或包含高阶移动平均项的 ARMA 模型。

对参数的检验主要考虑模型的整体拟合效果，主要考察调整后的决定系数（Adjusted R - squared）、AIC（Akaike Info Criterion）和 SC（Schwarz Criterion）准则都是选择模型的重要指标。滞后多项式的倒数根要求必须在单位圆内，这样才能保持序列的平稳性。

（4）模型检验。

①残差检验。

参数估计后，应该对 ARMA 模型的适合性进行检验，即对模型的残差序列 e_t 进行白噪声检验。若残差序列不是白噪声序列，意味着残差序列还存在有用信息没被提取，需要进一步改进模型。通常侧重于检验残差序列的随机性，即滞后期 k ≥ 1，残差序列的样本自相关系数应近似为 0。

判断残差序列是否纯随机，常用的是残差序列的 χ^2 检验。检验的零假设是残差序列 e_t 相互独立。

残差序列的自相关函数：

$$r_k(e) = \frac{\sum_{t=k+1}^{n} e_t \cdot e_{t-k}}{\sum_{t=1}^{n} e_t^2}, \quad k = 1, 2, \cdots, m \qquad (4-21)$$

式中，n 是计算 r_k 的序列观测值；m 是最大滞后期。检验统计量

$$Q = n(n+2) \sum_{k=1}^{m} \frac{r_k^2(e)}{n-k} \qquad (4-22)$$

在零假设下，Q 服从 $\chi^2(m-p-q)$ 分布。给定置信度 $1-\alpha(\alpha$ 通常取 0.05 或 0.1)，若

$$Q \leqslant \chi_\alpha^2(m-p-q) \qquad (4-23)$$

则不能拒绝残差序列相互独立的原假设，检验通过；否则检验不通过。

对于不通过的残差序列，说明在残差中仍然具有有用信息，一般可以采用 ARCH 模型来提取残差中的有用信息，使最终模型残差项成为白噪声。

②ARCH 自回归条件异方差模型。

对于通常的回归模型

$$y_t = x_t'\beta + \varepsilon_t \qquad (4-24)$$

如果随机干扰项的平方 ε_t^2 服从 AR(q) 过程，即

$$\varepsilon_t^2 = \alpha_0 + \alpha_1\varepsilon_{t-1}^2 + \cdots + \alpha_q\varepsilon_{t-q}^2 + \eta_t, \ t = 1, \ 2, \ \cdots \qquad (4-25)$$

式中，η_t 独立同分布，并且满足 $E(\eta_t) = 0$，$D(\eta_t) = \lambda^2$。则称模型是自回归条件异方差模型，简记为 ARCH 模型。称序列 ε_t 服从 q 阶的 ARCH 过程，记作 $\varepsilon_t \sim \text{ARCH}(q)$。

ARCH 模型通常用于对主体模型的随机扰动项进行建模，以更充分地提取残差中的信息，使最终的模型残差项 η_t 成为白噪声。所以，对于 AR(p) 模型，如果 $\varepsilon_t \sim \text{ARCH}(q)$，则序列 y_t 可以用 AR(p) − ARCH(q) 模型描述，其他情况类推。

序列是否存在 ARCH 效应，最常用的检验方法是拉格朗日乘数法，即 LM 检验。若模型随机扰动项 $\varepsilon_t \sim \text{ARCH}(q)$，则可以建立辅助回归方程

$$h_t = \alpha_0 + \alpha_1\varepsilon_{t-1}^2 + \cdots + \alpha_q\varepsilon_{t-q}^2 \qquad (4-26)$$

检验序列是否存在 ARCH 效应，即检验上式中所有回归系数是

否同时为0。若所有回归系数同时为 0 的概率较大，则序列不存在 ARCH 效应；若同时为 0 的概率很小，或至少有一个系数显著不为 0，则序列存在 ARCH 效应。

ARCH(q) 模型参数估计的对数似然函数为：

$$\ln L(\beta, \alpha) = -\frac{1}{2}n\ln(2\pi) - \frac{1}{2}\sum_{t=1}^{n}\ln(h_t) - \frac{1}{2}\sum_{t=1}^{n}\ln(\varepsilon_t^2/h_t)$$

$$(4-27)$$

式中 n 为样本量，使该函数达到最大值的参数 β 和 α，就是参数 β 和 α 的极大似然估计。

4.5.3 ARMA 时间序列建模小结

综上所述，针对钢铁企业副产煤气产生量的 ARMA 时间序列预测模型建立过程如下：假设 y_t 为 t 时刻某种副产煤气的产生量序列，在保证其平稳（或差分后平稳）的前提下建模，根据 y_t 的自相关系数和偏自相关系数，选择适当的 AR(p)、MA(q) 或 ARMA(p, q) 模型进行建模。然后对建立的模型进行残差检验和 ARCH 效应检验，确立最终的模型并进行预测。

4.6 实 证 分 析

根据上面的分析和介绍，确定采用 ARMA 时间序列建模方法对我国 K 钢铁企业三种副产煤气产生量分别进行预测。下面将会通过实例分析来考察建模预测的结果。

实证分析企业是我国 K 钢铁企业，企业拥有 4 座焦炉、8 座高炉和 5 座转炉。下面将会采用 ARMA 时间序列方法分别对焦炉煤气、高炉煤气和转炉的煤气的产生量进行预测。

4.6.1　焦炉煤气产生量预测模型的建立

以 15 分钟为一个计数点，选取 72 个小时的 288 个计数点的观测值作为焦炉煤气产生量的原始数据。

将原始数据绘制成折线图，如图 4 - 1 所示，数据杂乱无章，且有缓缓上升的趋势，但是无法看出煤气产生量与时间的确切关系。计算序列自相关系数，图 4 - 2 为序列自相关图。图 4 - 2 由两部分组成。左半部分是序列的自相关和偏自相关观分析图，右半部分包括五列数据。从左到右分别是自然数表示滞后期 k，AC 是自相关系数 r_k，PAC 是偏相关系数 Φ_{kk}，Q - Stat 是对数列进行独立性检验的 Q 统计量和 Prob 是相伴概率。由图 4 - 2 自相关分析图可见，序列的自相关系数没有很快趋近于 0，说明序列是非平稳的。这与图 4 - 1 中所示的序列的上升趋势一致。因此，对原序列进行一阶差分来消除其趋势。差分后新序列的折线图和自相关分析图如图 4 - 3 和图 4 - 4 所示。由图可以看出，经过一阶差分的序列趋势已经基本消除。自相关系数很快趋近于 0，数据达到平稳性要求，可以对其建模。由一阶差分自相关图显示 q = 1，可建立 MA(1) 模型。

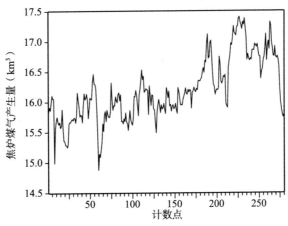

图 4 - 1　焦炉煤气产生量原始数据折线图

Autocorrelation	Partial Correlation		AC	PAC	Q-Stat	Prob
		1	0.933	0.933	246.17	0.000
		2	0.877	0.053	464.48	0.000
		3	0.829	0.037	660.17	0.000
		4	0.783	0.001	835.40	0.000
		5	0.751	0.088	997.13	0.000
		6	0.719	0.009	1 146.2	0.000
		7	0.695	0.050	1 285.8	0.000
		8	0.665	-0.036	1 414.3	0.000
		9	0.641	0.039	1 534.1	0.000
		10	0.632	0.110	1 650.8	0.000
		11	0.621	0.025	1 764.1	0.000
		12	0.591	-0.149	1 866.9	0.000
		13	0.564	0.003	1 960.9	0.000
		14	0.545	0.065	2 049.0	0.000
		15	0.519	-0.049	2 129.2	0.000
		16	0.501	0.025	2 204.3	0.000
		17	0.488	0.028	2 275.7	0.000
		18	0.482	0.070	2 345.6	0.000
		19	0.468	-0.033	2 411.8	0.000
		20	0.460	0.049	2 476.2	0.000
		21	0.460	0.027	2 540.6	0.000
		22	0.454	-0.002	2 603.6	0.000
		23	0.455	0.087	2 667.1	0.000
		24	0.459	0.046	2 732.0	0.000
		25	0.474	0.105	2 801.6	0.000
		26	0.480	-0.002	2 873.4	0.000
		27	0.486	0.024	2 947.0	0.000
		28	0.495	0.032	3 023.9	0.000

图 4-2　焦炉煤气产生量原始数据自相关和偏自相关分析

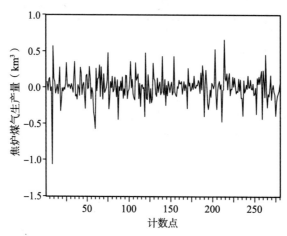

图 4-3　焦炉煤气产生量一阶差分后折线图

Autocorrelation	Partial Correlation		AC	PAC	Q-Stat	Prob
		1	-0.512	-0.512	73.667	0.000
		2	-0.011	-0.370	73.701	0.000
		3	0.063	-0.212	74.809	0.000
		4	-0.082	-0.243	76.737	0.000
		5	0.060	-0.170	77.754	0.000
		6	-0.030	-0.172	78.005	0.000
		7	0.020	-0.129	78.117	0.000
		8	0.035	-0.043	78.462	0.000
		9	-0.096	-0.136	81.137	0.000
		10	-0.012	-0.259	81.182	0.000
		11	0.155	-0.075	88.172	0.000
		12	-0.074	-0.017	89.763	0.000
		13	-0.069	-0.131	91.158	0.000
		14	0.107	-0.040	94.545	0.000
		15	-0.072	-0.052	96.094	0.000
		16	0.046	0.008	96.717	0.000
		17	-0.071	-0.090	98.231	0.000
		18	0.081	-0.016	100.21	0.000
		19	-0.030	-0.034	100.48	0.000
		20	-0.047	-0.064	101.16	0.000
		21	0.076	0.010	102.92	0.000
		22	-0.038	-0.030	103.37	0.000
		23	0.023	0.015	103.54	0.000
		24	-0.087	-0.104	105.87	0.000
		25	0.098	-0.054	108.84	0.000
		26	-0.016	-0.044	108.92	0.000
		27	-0.055	-0.099	109.85	0.000
		28	0.045	-0.098	110.48	0.000

图 4 - 4　焦炉煤气产生量一阶差分后自相关和偏自相关分析

通过 Eviews 软件对 MA(1) 模型系数进行估计，得到的结果如表 4 - 1 所示。由表 4 - 1 可以看出，各滞后多项式的倒数根都在单位圆以内，说明过程是平稳的。调整后的决定系数（Adjusted R^2）值为 0.836，AIC 和 SC 值分别为 - 0.511 和 - 0.498。将其与 ARMA(1, 1) 模型的检验结果进行对比发现，MA(1) 模型 AIC 和 SC 值更小，调整后的决定系数和预测精度几乎一样，因而选择 MA(1) 来预测焦炉煤气产生量。

表 4 – 1　　　　　焦炉煤气产生量 MA(1) 预测模型系数估计

Variable	Coefficient	Std. Error	t – Statistic	Prob.
MA(1)	– 0. 989932	0. 000364	– 2 719. 147	0. 0000
R – squared	0. 835579	Mean dependent var		– 0. 000104
Adjusted R – squared	0. 835579	S. D. dependent var		0. 274496
S. E. of regression	0. 187065	Akaike info criterion		– 0. 511134
Sum squared resid	9. 693114	Schwarz criterion		– 0. 498085
Log likelihood	72. 04763	Durbin – Watson stat		2. 173481
Inverted MA Roots		0. 99		

　　对 MA(1) 模型进行残差检验，残差序列的自相关分析图和偏自相关分析图如图 4 – 5 所示，由图我们可以看出，残差序列的自相关

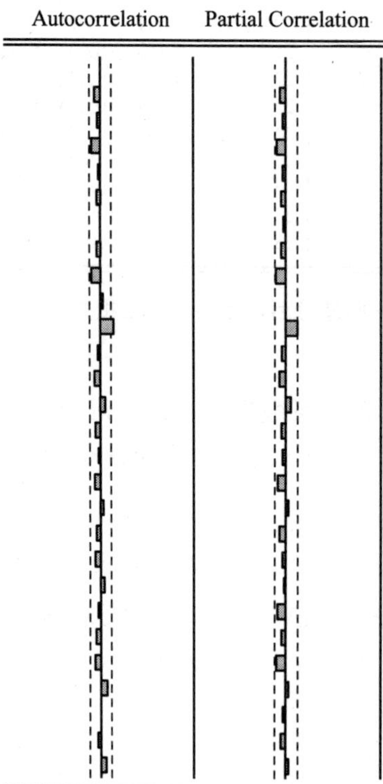

Autocorrelation	Partial Correlation		AC	PAC	Q–Stat	Prob
		1	–0.004	–0.004	0.0037	
		2	–0.071	–0.071	1.4064	
		3	–0.026	–0.027	1.5971	0.206
		4	–0.099	–0.104	4.3505	0.114
		5	–0.017	–0.023	4.4360	0.218
		6	–0.025	–0.042	4.6175	0.329
		7	–0.006	–0.016	4.6276	0.463
		8	–0.028	–0.046	4.8535	0.563
		9	–0.112	–0.123	8.4566	0.294
		10	0.015	–0.003	8.5249	0.384
		11	0.159	0.138	15.880	0.069
		12	–0.026	–0.039	16.077	0.097
		13	–0.062	–0.071	17.192	0.102
		14	0.049	0.048	17.888	0.119
		15	–0.056	–0.044	18.811	0.129
		16	–0.022	–0.025	18.952	0.167
		17	–0.063	–0.085	20.125	0.167
		18	0.023	0.011	20.287	0.208
		19	–0.046	–0.062	20.926	0.230
		20	–0.058	–0.041	21.946	0.234
		21	0.026	–0.018	22.144	0.277
		22	–0.038	–0.091	22.586	0.310
		23	–0.046	–0.056	23.223	0.332
		24	–0.077	–0.107	25.023	0.296
		25	0.063	0.013	26.229	0.290
		26	0.004	–0.040	26.235	0.341
		27	–0.027	–0.044	26.467	0.383
		28	–0.057	0.022	27.483	0.384

图 4 – 5　适合模型的残差自相关和偏自相关分析

系数都落入随机区间，自相关系数（AC）的绝对值与 0 无明显差异，表明残差序列是纯随机的。MA（1）模型通过残差检验，模型拟合很好。

将 MA（1）模型样本内预测值与实际观测值进行对比，预测的平均绝对百分误差 MAPE 为 0.82，预测精度非常高，结果可靠。如图 4 - 6 所示，对数据做 4 期样本外预测，得到平均误差率为 0.91%，符合模型精度要求。

表 4 - 2　　　MA（1）和 ARMA（1，1）模型检验结果对比

模型	Adjusted R^2	AIC	SC	MAPE
MA（1）	0.836	-0.511	-0.498	0.817
ARMA（1，1）	0.837	-0.496	-0.487	0.816

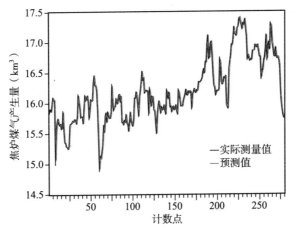

图 4 - 6　MA（1）模型预测值与实际测量值对比

4.6.2　高炉煤气产生量预测模型的建立

以 15 分钟为一个计数点，选取 72 个小时的 288 个计数点的观测值作为高炉煤气产生量的原始数据。

　　将原始数据绘制成如图4-7所示折线图，分别计算出原始数据和一阶差分数据自相关系数，发现自相关系数都没有很快接近于0，说明原始序列和一阶差分数据均为非平稳数据。继而对原始数据进行二阶差分处理，并计算得到二阶差分数据自相关系数和偏自相关系数，计算结果如图4-8所示。可以看出，自相关系数很快趋近于0，说明经过二阶差分的序列达到平稳性要求，可以对其建模。

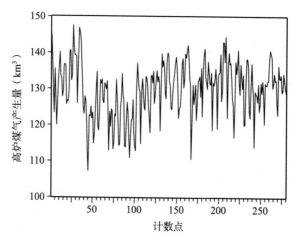

图4-7　高炉煤气产生量原始数据折线图

　　由二阶差分自相关分析可以看出，滞后一期的自相关系数明显不为0，而k>1以后自相关系数都在置信区间以内；在偏自相关分析图中可见，滞后期k>6时，序列的样本偏自相关系数明显落入置信区间。对于二阶差分后的高炉煤气产生量序列，可以建立ARMA(5，1)、ARMA(6，1)和ARMA(5，2)模型，各自模型的检验结果如表4-3所示。由表4-3可以看出，ARMA(5，1)模型的AIC和SC值略大于ARMA(6，1)，调整后的决定系数Adjusted R^2略逊于AR-MA(6，1)模型，但是预测精度MAPE最高，且各方面均优于AR-MA(5，2)模型。因此，从力求预测模型简捷有效角度考虑，选择ARMA(5，1)模型预测高炉煤气产生量比较合适。

自相关性	偏相关性		AC	PAC	Q–Stat	Prob
		1	−0.439	−0.439	54.255	0.000
		2	−0.138	−0.410	59.604	0.000
		3	0.128	−0.205	64.249	0.000
		4	−0.112	−0.289	67.832	0.000
		5	−0.129	−0.524	72.555	0.000
		6	0.128	−0.274	103.46	0.000
		7	−0.063	−0.187	104.61	0.000
		8	−0.065	−0.064	105.83	0.000
		9	0.029	0.030	106.07	0.000
		10	−0.149	−0.119	112.52	0.000
		11	0.019	−0.167	112.63	0.000
		12	0.170	−0.112	121.07	0.000
		13	−0.003	−0.004	121.08	0.000
		14	−0.101	−0.102	124.08	0.000
		15	0.095	0.007	126.77	0.000
		16	−0.150	−0.027	133.48	0.000
		17	−0.022	−0.094	133.62	0.000
		18	0.183	−0.001	143.69	0.000
		19	−0.033	−0.002	144.02	0.000
		20	−0.060	−0.014	145.12	0.000
		21	0.056	−0.008	146.05	0.000
		22	−0.104	−0.033	149.35	0.000
		23	0.001	−0.007	149.35	0.000
		24	0.108	0.002	152.95	0.000
		25	−0.057	−0.092	153.94	0.000
		26	0.055	−0.026	154.87	0.000
		27	−0.031	−0.059	155.18	0.000
		28	−0.012	0.107	155.22	0.000

图 4 – 8　高炉煤气产生量二阶差分后自相关和偏自相关分析

表 4 – 3　高炉煤气产生量 ARMA（5，1）预测模型系数估计

Variable	Coefficient	Std. Error	t – Statistic	Prob.
AR（1）	− 0.363484	0.057665	− 6.303384	0.0000
AR（2）	− 0.470618	0.055795	− 8.434817	0.0000
AR（3）	− 0.369954	0.058837	− 6.287762	0.0000
AR（4）	− 0.429686	0.055580	− 7.730899	0.0000
AR（5）	− 0.309080	0.056971	− 5.425221	0.0000
MA（1）	− 0.989469	0.000266	− 3 725.251	0.0000
R – squared	0.785599	Mean dependent var		0.024809
Adjusted R – squared	0.779712	S. D. dependent var		9.906884
S. E. of regression	5.606704	Akaike info criterion		6.307536

续表

Variable	Coefficient	Std. Error	t – Statistic	Prob.
Sum squared resid	8 393.178	Schwarz criterion		6.386865
Log likelihood	– 854.9786	Durbin – Watson stat		1.930816
Inverted AR Roots	0.50 – 0.72i	0.50 + 0.72i	– 0.36 + 0.70i	– 0.36 – 0.70i	– 0.66
Inverted MA Roots	0.99			

通过 Eviews 软件对 ARMA(5，1) 模型系数进行估计，得到结果如表4-4所示。由表4-4可以看出，各滞后多项式的倒数根都在单位圆以内，说明过程是平稳的。对 ARMA(5，1) 模型进行残差检验，残差序列的自相关分析图和偏自相关分析图如图4-9所示，由图我们可以看出，残差序列的自相关系数都落入随机区间，自相关系数（AC）的绝对值机会都 <0.1，与0无明显差异，表明残差序列相互独立即为白噪声序列。ARMA(5，1) 模型通过残差检验，模型拟合很好。

表4-4　　ARMA(5，1)、ARMA(6，1) 和 ARMA(5，2)
模型检验结果对比

模型	Adjusted R^2	AIC	SC	MAPE
ARMA(5，1)	0.780	6.308	6.387	3.31
ARMA(6，1)	0.792	6.270	6.360	3.24
ARMA(5，2)	0.776	6.310	6.400	3.30

将 ARIMA(5，2，1) 模型样本内预测值与实际观测值进行对比，预测的平均绝对百分误差 MAPE 为3.31，预测精度非常高，结果可靠。如图4-10所示。对数据做4期样本外预测，得到平均误差率为3.29%，符合模型精度要求。

自相关性	偏相关性		AC	PAC	Q-Stat	Prob
		1	0.034	0.034	0.3131	
		2	0.053	0.052	1.0883	
		3	0.039	0.035	1.5045	
		4	0.010	0.005	1.5312	
		5	−0.080	−0.085	3.3233	
		6	0.002	0.005	3.3250	
		7	−0.077	−0.070	5.0086	0.025
		8	−0.087	−0.078	7.1601	0.028
		9	−0.105	−0.094	10.308	0.016
		10	−0.126	−0.118	14.820	0.005
		11	0.025	0.048	15.000	0.010
		12	0.048	0.056	15.651	0.016
		13	−0.018	−0.026	15.749	0.028
		14	−0.096	−0.126	18.437	0.018
		15	−0.031	−0.064	18.723	0.028
		16	−0.126	−0.135	23.345	0.010
		17	−0.042	−0.060	23.873	0.013
		18	0.046	0.034	24.504	0.017
		19	−0.048	−0.072	25.183	0.022
		20	−0.057	−0.073	26.134	0.025
		21	0.010	−0.015	26.164	0.036
		22	−0.027	−0.054	26.376	0.049
		23	0.094	0.047	29.021	0.034
		24	0.121	0.049	33.429	0.015
		25	0.055	0.006	34.353	0.017
		26	0.127	0.092	39.225	0.006
		27	0.050	0.026	39.982	0.007
		28	0.054	0.054	40.869	0.009

图 4 − 9　适合模型残差序列的自相关和偏自相关分析

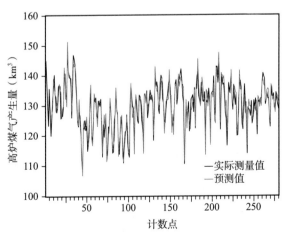

图 4 − 10　ARMA(5, 1) 模型预测值与实际测量值对比

4.6.3　转炉煤气产生量预测模型的建立

以 15 分钟为一个计数点，选取 72 个小时的 288 个计数点的观测值作为转炉煤气产生量的原始数据。

将原始数据绘制成折线图，如图 4 - 11 所示。与焦炉煤气和高炉煤气相比，转炉煤气产生量相对波动较大，这主要是由于转炉炼钢属于间歇性操作，转炉煤气的产生不是很稳定，上下波动较大。为了便于数据处理，首先对转炉煤气产生量序列进行一定附加函数和差分处理。将转炉煤气原始数据取对数 $\log y_t$，得到的新序列再进行二次差分处理，如图 4 - 12 所示。与原始数据相比，处理后的数列相对平稳。图 4 - 13 是处理后序列的自相关系数图，可见自相关系数很快趋近于 0，达到平稳性要求，可以对其进行建模。通过对其自相关和偏自相关分析图分析和将多种组合的模型进行对比可以得出，ARMA(4, 3) 模型更加适合对转炉煤气产生量的预测。通过 Eviews 软件对 ARMA(4, 3) 模型系数进行估计，得到结果如表 4 - 5 所示。对 ARMA(4, 3) 模型进行残差检验，残差序列的自相关分析图和偏自相关分析，发现残差没有通过检验。在残差中仍然含有有用的信息。对残差进一步做自回归条件异方差（ARCH）检验，检验结果如表 4 - 6 所示。表中包括了两种检验结果：第一行的 F 统计量在有限样本情况下不是精确分布，只能作为参考；第二行是 Obs * R - Squared 值以及检验的相伴概率，p 值等于 0.0235，小于显著性水平 0.05，说明残差序列存在 ARCH 效应。将原有 ARMA(4, 3) 模型中加入 ARCH 项，重新使用 Eviews 软件进行参数估计，得到结果如表 4 - 7 所示。将得到的残差进行检验，结果残差为白噪声序列，通过残差检验。因此，采用 ARMA(4, 3) - ARCH(1) 模型对转炉煤气产生量进行预测。

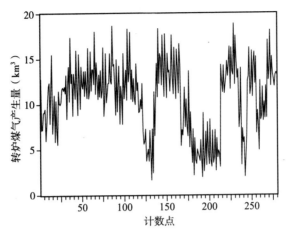

图 4 – 11　转炉煤气产生量原始数据折线图

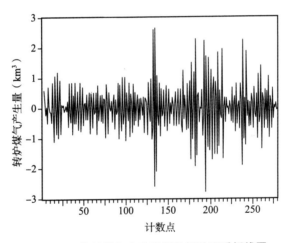

图 4 – 12　转炉煤气产生量经数据处理后折线图

将 ARMA(4，3) – ARCH(1) 模型样本内预测值与实际测量值进行对比，预测的平均绝对百分误差 MAPE 为 12.46，预测精度较高，结果可靠。如图 4 – 14 所示。对数据做 4 期样本外预测，得到平均误差率为 12.44%，符合模型精度要求。

自相关性	偏相关性		AC	PAC	Q-Stat	Prob
		1	-0.714	-0.714	143.13	0.000
		2	0.156	-0.719	150.03	0.000
		3	-0.271	-0.214	170.78	0.000
		4	-0.120	-0.296	226.18	0.000
		5	0.105	-0.168	265.75	0.000
		6	-0.165	-0.128	273.53	0.000
		7	-0.055	-0.123	274.39	0.000
		8	0.199	-0.034	285.82	0.000
		9	-0.234	-0.076	301.73	0.000
		10	0.175	-0.017	310.65	0.000
		11	-0.062	-0.013	311.79	0.000
		12	-0.033	0.084	312.10	0.000
		13	0.041	-0.117	312.59	0.000
		14	-0.005	-0.122	312.60	0.000
		15	-0.001	-0.046	312.60	0.000
		16	-0.019	-0.023	312.71	0.000
		17	0.021	-0.099	312.83	0.000
		18	0.008	-0.035	312.85	0.000
		19	-0.020	0.087	312.97	0.000
		20	-0.013	-0.023	313.02	0.000
		21	0.054	0.006	313.90	0.000
		22	-0.055	0.032	314.81	0.000
		23	0.015	0.035	314.88	0.000
		24	0.033	0.013	315.21	0.000
		25	-0.071	-0.077	316.76	0.000
		26	0.104	0.060	320.08	0.000
		27	-0.120	-0.017	324.51	0.000
		28	0.102	0.053	327.73	0.000

图 4 - 13　转炉煤气产生量数据处理后自相关和偏自相关分析

表 4 - 5　　转炉煤气产生量 ARMA(4, 3) 预测模型系数估计

Variable	Coefficient	Std. Error	t - Statistic	Prob.
AR(1)	-0.874476	0.056653	-15.43576	0.0000
AR(2)	-0.485368	0.054035	-8.982461	0.0000
AR(4)	-0.118412	0.044570	-2.656764	0.0084
MA(1)	-0.859657	0.001364	-630.1678	0.0000
MA(3)	-0.127686	0.013671	-9.340220	0.0000
R - squared	0.844479	Mean dependent var		-0.000210
Adjusted R - squared	0.842166	S. D. dependent var		0.813125

续表

Variable	Coefficient	Std. Error	t – Statistic	Prob.
S. E. of regression	0. 323040	Akaike info criterion		0. 596000
Sum squared resid	28. 07150	Schwarz criterion		0. 661933
Log likelihood	– 76. 65204	Durbin – Watson stat		2. 036054
Inverted AR Roots	. 15 – . 39i	. 15 + . 39i	– . 59 + . 57i	– . 59 – . 57i
Inverted MA Roots	. 99	– . 07 – . 35i	– . 07 + . 35i	

表 4 – 6　　　　　　　　　　　ARCH 检验结果

F – statistic	5. 188753	Probability	0. 023512
Obs * R – squared	5. 128846	Probability	0. 023531

表 4 – 7　　转炉煤气产生量 ARMA(4，3) – ARCH 预测模型系数估计

Variable	Coefficient	Std. Error	t – Statistic	Prob.
AR(1)	– 0. 613488	0. 050129	– 12. 23829	0. 0000
AR(2)	0. 384146	0. 044626	8. 608176	0. 0000
AR(4)	– 0. 063184	0. 000440	– 143. 6222	0. 0000
MA(1)	– 1. 148687	0. 044474	– 25. 82842	0. 0000
MA(3)	0. 123060	0. 051771	2. 376986	0. 0175
Variance Equation				
C	0. 013092	0. 005539	2. 363563	0. 0181
ARCH(1)	0. 252770	0. 067742	3. 731385	0. 0002
R – squared	0. 848405	Mean dependent var		– 0. 000210
Adjusted R – squared	0. 844416	S. D. dependent var		0. 813125
S. E. of regression	0. 320730	Akaike info criterion		0. 430423
Sum squared resid	27. 36285	Schwarz criterion		0. 535915
Log likelihood	– 50. 96791	Durbin – Watson stat		2. 061629

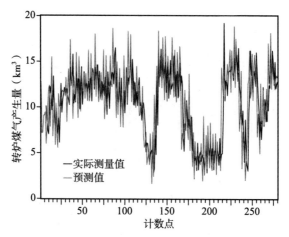

图 4-14 ARMA(4, 3) 模型预测值与实际测量值对比

4.7 本 章 小 结

钢铁企业副产煤气的产生量的预测对于副产煤气优化调度至关重要。本章在深入研究三种副产煤气产生机理、影响因素和各种预测方法适用性的基础上,选择 ARMA 时间序列预测方法对三种副产煤气的产生量进行预测。算例分析证明取得了较好的预测效果,得到了较高的拟合度和精度。

焦炉煤气产生量预测,将焦炉煤气产生量原始序列进行一阶差分处理,之后采用 MA(1) 模型对其产生量进行预测;

高炉煤气产生量预测,将高炉煤气产生量原始序列进行二阶差分处理,之后采用 ARMA(5, 1) 模型对其产生量进行预测;

转炉煤气产生量预测,将转炉煤气产生量原始序列进行求对数处理后进行二阶差分,之后采用 ARMA(4, 3) - ARCH(1) 模型对其产生量进行预测。

第 5 章

钢铁企业副产煤气消耗量的
预测模型

5.1 引　　言

通过第 3 章对钢铁企业副产煤气系统的分析可知，产消系统的消耗用户可以总体分为两类。第一类用户由于生产设备限制，只能消耗三种煤气中的某一种。这类用户煤气消耗量不能参与优化调度，只能采用数学方法进行预测，作为优化系统的输出。第二类是可以混烧煤气或者其他燃料的用户，将会通过优化调度模型对其消耗燃料的量和种类进行优化。本章针对第一类用户进行预测研究。根据用户消耗煤气的不同特点，将其分为四大类，针对每类用户分别建立煤气消耗的预测模型。在算例分析中，用建立的模型对我国 K 钢铁企业的实际生产数据进行预测，取得了较好的精度和拟合度。

5.2 副产煤气消耗的预测模型的建立

5.2.1 副产煤气消耗用户分类

钢铁企业消耗副产煤气的用户众多，大多数加热设备都需要消耗副产煤气，并且这些消耗用户各有特点，如果采用统一的方法进行预测是不科学的。为了更好地预测煤气消耗量，本书将副产煤气用户根据不同特点进行了分类，采用不同的方法进行预测。具体分类如下：

（1）第一类消耗用户：只要在正常生产条件下，设备对副产煤气的消耗量基本保持不变。

（2）第二类消耗用户：副产煤气消耗量只和比较少的影响因素有关，并且影响因素之间关系可以用确定的表达式表示。

（3）第三类消耗用户：副产煤气消耗量的影响因素众多，且关系非常复杂，很难通过数学模型来表达。

（4）第四类消耗用户：无法准确全面确定影响副产煤气消耗量的因素。

根据上面四类用户的副产煤气消耗的特点，采用不同的方法进行预测。

5.2.2　第一类消耗用户建模

1. 用户特点及模型选择

这类用户的特点是副产煤气消耗量稳定，几乎不受设备操作条件的影响，副产煤气消耗量波动很小。例如钢铁厂中的烧结炉。针对这种用户的特点，本书采用指数平滑法对其进行预测。

2. 预测方法介绍

指数平滑法是当今应用比较广泛的一种基于时间的预测方法，其特点是直观、简单、需要存储的数据量小[149]。

一次指数平滑的模型为：

$$\hat{y}_t = \alpha y_t + (1 - \alpha)\hat{y}_{t-1} \tag{5-1}$$

式中，y_t 是实际值序列；$\hat{y}_t$ 是平滑值序列；$\hat{y}_{t-1}$ 是上期平滑值；α 是平滑系数，也叫衰减因子，其取值范围是：$0 \le \alpha \le 1$。

由于

$$\hat{y}_{t-1} = \alpha y_{t-1} + (1 - \alpha)\hat{y}_{t-2} \tag{5-2}$$

所以式（5-2）可以展开：

$$\begin{aligned}
\hat{y}_t &= \alpha y_t + (1 - \alpha)\hat{y}_{t-1} \\
&= \alpha y_t + \alpha(1 - \alpha)y_{t-1} + \alpha(1 - \alpha)^2 y_{t-2} + \cdots + \alpha(1 - \alpha)^{t-1}y_1 \\
&= \alpha \sum_{i=0}^{t-1} (1 - \alpha)^i y_{t-i}
\end{aligned} \tag{5-3}$$

式中，$\hat{y}_t$ 是实际序列（y_t）的历史数据的加权平均数；权数 α，$\alpha(1 - \alpha)$，$\alpha(1 - \alpha)^2$，$\cdots$，$\alpha(1 - \alpha)^{t-1}$ 是一次指数衰减数列。

一次指数平滑的预测值显然是实际值序列的加权平均，因而适用于比较平稳的序列。由于权数呈指数衰减，越早的数据被赋予的权数值越小，因此预测值主要取决于近期样本数据，而远期数据对它影响较小。

这种方法的优点是方法简单，只要有样本末期的平滑值，就可以得到预测结果。当获得新的观察值的时候，可以方便地更新预测值。但是也有其局限性：第一，预测值不能反映趋势变动，季节波动等规律的变动，因此若研究对象存在这些变动不适宜采用一次指数平滑法。第二，这种方法对短期预测较灵敏但不适合中长期预测。

指数平滑法预测的结果的理想程度很大程度取决于平滑系数。波尔曼等（Bowerman et al.）建议取值范围控制在 0.1 ~ 0.3。一般认为，序列变化较为平缓，平滑系数宜小一些，如小于 0.1；反之，系数应该取大一些。

二次平滑指数又称双重指数平滑。其计算公式为：

$$\begin{aligned}
S_t &= \alpha y_t + (1 - \alpha)S_{t-1} \\
D_t &= \alpha S_t + (1 - \alpha)D_{t-1}
\end{aligned} \tag{5-4}$$

式中，S_t 是一次指数平滑序列；

D_t 是二次指数平滑序列；

α 是平滑系数；$0 \leqslant \alpha \leqslant 1$。

可见，二次指数平滑序列是由一次指数平滑序列对数据进行进一步平滑所得到的。二次指数平滑序列计算步骤如下：

$$\hat{y}_{T+k} = a_T + b_T k$$

$$a_T = 2S_T - D_T$$

$$b_T = \frac{\alpha}{1-\alpha}(S_T - D_T) \qquad (5-5)$$

这个公式叫做 Brown 单参数指数平滑线性预测公式。它所产生的预测值是截距为 $2S_T - D_T$，斜率为 $\frac{\alpha}{1-\alpha}(S_T - D_T)$ 的线性趋势值。当数据存在线性趋势时，采用二次指数平滑预测方法比较好，这个模型构造的趋势模型的斜率和截距会随着数据的更新而不断变化，所以它反映的趋势总是最新数据的趋势[150-153]。

指数平滑法的共同特点是能够追踪数据的变化。由于权数是指数衰减的，因此预测总是依赖最新的样本数据。如果在预测过程中添加最新的样本数据，按照指数平滑法，新数据会自动取代老数据的位置，因此，预测值总是反映最新的数据结构[154-157]。

3. 用户建模

在钢铁企业，根据此类消耗用户的特性，本书选择二次指数平滑法对其进行建模。

设在 t 时刻采集的煤气消耗量为 y_t，则 t + k 时刻的煤气消耗量

$$y_{t+k} = (2S_t - D_t) + \frac{2S_t - D_t}{1 - (2S_t - D_t)}(S_t - D_t)k \qquad (5-6)$$

其中，$\begin{array}{l} S_t = \alpha y_t + (1-\alpha)S_{t-1} \\ D_t = \alpha S_t + (1-\alpha)D_{t-1} \end{array}$，$0 \le \alpha \le 1$

5.2.3 第二类消耗用户建模

1. 用户特点及模型选择

这类用户对副产煤气的消耗量往往与几个影响因素相关，并且影响因素之间的关系可以从散点图大致的分析估计出来，例如一般的线性关系和简单的非线性关系。钢铁厂中的炼钢用加热炉和炼焦用转炉

都属于这种用户。对于这类用户本书采用回归分析进行预测。

2. 预测方法介绍

回归分析是一种应用广泛、理论性较强，精度较高的定量预测方法。其主要研究分析客观对象之间的关系，找到事物之间看似不确定的现象之间的内在规律的一种统计方法[158-160]。它是建立在对客观事物进行大量实验和观察的基础上，确定适当的数学模型加以表达，并以此模型预测其未来的结果，有很强的理论依据和成熟的分析方法[161-164]。

假设随机变量 y 与 x_1，x_2，$\cdots$，x_p 等变量之间存在一定的相关关系，则可以对其建立数学模型：

$$y = f(x_1, x_2, \cdots, x_p) + \varepsilon \qquad (5-7)$$

其中，y 是因变量，或者称作被解释变量；

x_1，x_2，$\cdots$，x_p 是自变量，也叫做解释变量；

$f(x_1, x_2, \cdots, x_p)$ 是回归函数；

ε 是随机误差。

y 由自变量和随机误差共同决定，可见变量与自变量之间既有联系，又有一些随机的不确定性。

回归模型分为以下几类：根据自变量个数的多少，分为一元回归和多元回归；根据模型表达式是否线性，分为线性回归和非线性回归模型。其中在一些情况下，某些非线性模型可以通过一定的线性化转换为线性模型处理。

回归函数为线性函数的模型是线性回归模型，其一般表达式为：

$$y = \beta_0 + \beta_1 x_1 + \beta_2 x_2 + \cdots + \beta_p x_p + \varepsilon \qquad (5-8)$$

如果上式中只有一个自变量 x，则成为一元线性回归模型，其一般形式为：

$$y = \beta_0 + \beta_1 x + \varepsilon \qquad (5-9)$$

线性回归模型的基本假设如下：

（1）自变量是确定性变量且彼此间不相关，即 $cov(x_i, y_j) =$

$0(i \neq j)$；

（2）随机误差项服从相互独立，期望为 0，标准差为 σ 的正态分布；

（3）样本容量个数多于参数个数。

线性回归模型的参数估计一般运用最小二乘法（LS）。

在对因变量和自变量建立回归模型之后，要对其进行模型的常规检验。其中包括方程的显著性检验（F 检验），回归系数的显著性检验（t 检验）。F 检验体现了自变量对因变量 y 的解释程度，也就是样本的整体拟合程度；t 检验主要是针对检验每一个自变量的合理性。需要注意的是，建立模型的前提是线性回归模型要满足基本假设条件，否则所有的检验都将失去效果。

F 检验的零假设为：

$$H_0: \beta_0 = \beta_1 = \cdots = \beta_p = 0 \qquad (5-10)$$

检验统计量

$$F = \frac{SSR/p}{SSE/(n-p-1)} \qquad (5-11)$$

上式服从自由度为（p，n−p−1）的 F 分布。若 F 大于临界值 $F_a(p, n-p-1)$，则拒绝零假设，回归方程是显著的；反之回归方程不显著。

t 检验的零假设为：

$$H_0: \beta_i = 0, \quad i = 1, 2, \cdots, p \qquad (5-12)$$

检验统计量

$$t = \frac{\hat{\beta}_j}{S(\hat{\beta}_j)}, \quad j = 1, 2, \cdots, p \qquad (5-13)$$

上式服从自由度为 n−p−1 的 t 分布。当 |t| 大于临界值则通过检验。

3. 用户建模

在钢铁企业，根据此类消耗用户的特性，选择线性回归方法对其进行建模。设对于某个消耗煤气的用户，某时刻消耗煤气的量为 y，

共有 x_1，x_2，…，x_p 个因素影响煤气消耗量，在这些因素彼此不相关的前提下，可以由这些变量表达消耗量 y。

$$y = \beta_0 + \beta_1 x_1 + \beta_2 x_2 + \cdots + \beta_p x_p + \varepsilon \qquad (5-14)$$

其中 β_0，β_1，β_2，…，β_p 可以通过最小二乘法进行参数估计。

5.2.4　第三类消耗用户建模

1. 用户特点及模型选择

这类消耗用户特点是影响副产煤气消耗量的因素众多，且相互间关系复杂，很难用一个确切的表达式反映因素之间的相互关系。钢铁厂的高炉热风炉以及回转窑等设备都属于这种用户。本书采用神经网络方法对其消耗量进行预测。由于影响这些用户煤气消耗量的因素众多，如果直接用神经网络预测，会导致收敛速度较慢、预测精度不高等问题。所以本书首先采用灰色关联度分析法选定一些与因变量相关性较大的影响因素，然后再用人工神经网络方法对副产煤气的消耗量进行预测。人工神经网络方法不需要任何先验公式，它能从已有的若干组数据中归纳拟合，找到数据的内在关系和联系，具有强大的非线性映射能力，避免了具体的函数表达形式，克服了常规统计模型的缺点，理论上可以实现任意函数的逼近，因此适合于解决关系复杂且不明确的非确定性识别问题。其中，BP 神经网络又是目前应用最广且比较成熟的神经网络模型之一，已经被广泛应用于预测、控制等领域。但是 BP 神经网络收敛速度慢的缺陷，限制了它的实时预报和大样本系统中的应用。因此，本书采用 LM 算法代替传统的梯度下降法对 BP 网络的权值和阈值进行修正。该算法在快速的训练网络方面功能强大，比普通的梯度下降法快近 500 倍，从而提高了学习效率。

2. 预测方法介绍

（1）灰色关联度分析。

灰色关联度分析的基本思想是一种相对性的排序分析，其目的在于定量地表达各个因素之间的关联程度，寻找各个因素之间的主要关系。依据空间理论的数学基础，确定参考数列（母数列）和若干比较数列（子数列）之间的关联系数和关联度[165,166]。

假设有母序列 $\{x_0(i)\}$，$i = 1, 2, \cdots, n$

子序列 $\{x_k(i)\}$，$k = 1, 2, \cdots, m$；$i = 1, 2, \cdots, n$

考察母序列和子序列的关联度，实质上就是考察不同曲线之间的相似程度，即曲线差值的大小。然而，不同序列的原始数据的量纲不同，无法进行比较。为此，对原始数据进行预处理，消除量纲差异，使其具有可比性。数据的预处理一般采用均值化处理如下：

设有原始数列

$$x_0(i) = \{x_0(1), x_0(2), \cdots, x_0(n)\} \tag{5-15}$$

对其进行均值化处理得：

$$x_0'(i) = \left\{\frac{x_0(1)}{\overline{x_0}}, \frac{x_0(2)}{\overline{x_0}}, \cdots, \frac{x_0(n)}{\overline{x_0}}\right\}$$

$$= \{x_0'(1), x_0'(2), \cdots, x_0'(n)\} \tag{5-16}$$

其中 $\overline{x_0} = \frac{1}{n} \sum_{i=1}^{n} X_0(i)$

初始化之后的母序列为 $\{x_0'(i)\}$，$i = 1, 2, \cdots, n$

子序列为 $\{x_k'(i)\}$，$k = 1, 2, \cdots, m$；$i = 1, 2, \cdots, n$

则 $\{x_0'(i)\}$ 与 $\{x_k'(i)\}$ 的关联系数 $\varepsilon_{0,k}'(i)$ 为：

$$\varepsilon_{0,k}'(i) = \frac{\min_k \min_i |x_0'(i) - x_j'(i)| + \rho \max_k \max_i |x_0'(i) - x_j'(i)|}{|x_0'(i) - x_j'(i)| + \rho \max_k \max_i |x_0'(i) - x_j'(i)|}$$

$$\tag{5-17}$$

上式中的 ρ 为分辨系数，其值在 $0 \sim 1$ 之间，一般取值为 0.5。其取值大小不会影响关联度排序。$\varepsilon_{0,k}'(i)$ 为第 k 个子序列与母序列之间的关联度系数，其值满足 $0 \leq \varepsilon_{0,k}'(i) \leq 1$，越接近 0，说明二者关联性越差；反之说明其关联性越强。

由上式知，两个序列之间的关联系数不止一个数值，因此，我们取关联系数的平均值作为两个序列的关联度，定义为：

$$r_{0,k} = \frac{1}{n} \sum_{i=1}^{n} \varepsilon'_{0,k}(i) \qquad (5-18)$$

一般在 $\varepsilon'_{0,k}(i)$ 取 0.5 时，如果 $r_{0,k} \geqslant 0.6$，则认为二者之间关联度较高；否则认为其关联度较差。

（2）人工神经网络的原理。

人工神经网络（Artificial Neural Network，ANN）是近年来发展起来的模拟人脑生物过程的人工智能技术[167,168]。它是模拟人脑神经活动来达到学习、判断、推理的一种数学模型，通过大量丰富而抽象的神经元构成自适应、非线性的动态系统。具有高度的并行性、非线性、好的容错性、强大的自适应性学习等特点[169]。

人工神经网络的研究起源于 20 世纪 40 年代。但是由于当时的技术、环境等一系列原因，这种方法曾一度陷入低谷。直到 1982 年，美国物理学家霍普菲尔德（J. Hopfield）提出了著名的 Hopfield 模型，才使神经网络的研究得以复苏。1986 年，美国心理学家卢梅尔哈特和穆克兰德（Rumelhart & Muclelland）提出了多层网络的误差传播反向传播学习方法（Error Back – Propagation，简称 BP 算法），其理论研究和实际应用得到了发展，广泛应用于信号处理、模式识别、系统控制、智能检测、医学、经济、军事以及化工等工程领域[170-175]。

人工神经网络具有以下基本特征：

①并行分布处理：具有高度的并行结构和并行实现能力。

②固有的非线性映射特性，这是其解决非线性问题的根本。

③良好的鲁棒性。当一个控制系统中的某个参数发生变化时，系统仍能保持正常工作的属性。

④自学习、自组织与自适应性：当外界环境变化时，神经网络能够按一定规则调整结构参数，建立新的神经网络。

（3）人工神经网络的基本结构和模型。

神经网络的基本处理单元是神经元。图 5 – 1 是经过简化的神经元结构：

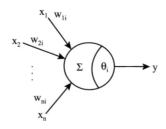

图 5 - 1 简化的神经元结构

其具有 n 个输入分量，输入分量 $x_i(i = 1, 2, \cdots, n)$ 通过与它相乘的权值分量 $w_i(i = 1, 2, \cdots, n)$ 相连，以 $\sum_{i=1}^{n} w_i x_i$ 的形式求和，作为激活函数 f 的一个输入，阈值 θ 作为激活函数的另一个输入。这里的阈值 θ 使得激活函数的图形在坐标轴上移动，从而提高了解决问题的能力。综上，神经元的输入向量可以表示为：

$$y = f\left(\sum_{i=1}^{n} w_i x_i + \theta\right) \qquad (5-19)$$

激活转移函数是神经元及其构成结构的核心。它能够控制输入对输出的激活作用。常用的激活函数有对数 S 型激活函数和双曲正切 S 型激活函数[176,177]。

对数 S 型激活函数关系如下：

$$f(x) = \frac{1}{1 + \exp[-(x+b)]} \qquad (5-20)$$

双曲正切 S 型激活函数关系如下：

$$f(x) = \frac{1 - \exp[-2(x+b)]}{1 + \exp[-2(x+b)]} \qquad (5-21)$$

神经网络的非线性映射能力主要来自于网络中各个神经元的非线性传递函数和各神经元之间的连接权分布。通过预先输入一定量的经过预处理的学习样本，反复调整修改权值分布，使网络收敛于一个稳定状态来达到学习的目的。学习的本质就是对连接权值的动态调整，怎样去调整权值，用什么样的规则调整，这就是学习算法或学习规则。

（4）BP 神经网络。

BP 神经网络是采用误差反向传播学习算法的多层向前型神经网络。它包含输入层、输出层和一层或多层的隐含层。同层节点间无任何耦合，所以每层的神经元只接受前一层神经元的输入，并影响下一层神经元的输出。其神经元的激活函数为前面介绍的 S 型激活函数（Sigmoid），这种函数可以实现输入到输出的任意的非线性映射[178]，具体如图 5 - 2 所示。

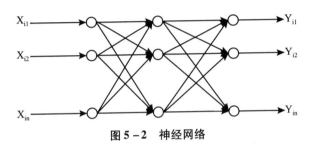

图 5 - 2　神经网络

BP 算法的计算步骤如图 5 - 3 所示，具体如下：

①选定 n 个样本，作为目标训练集；

②数据初始化。在输入样本数据之前，要对其进行规范化处理。这样做可以消除量纲的影响；另一方面，由于神经元的激励函数采用 Sigmoid 函数，这种函数有中间高增益，两端低增益的特点，因此当数据在远离 0 的区域时，网络收敛速度很慢。为此要先对全部输入数据进行初始化处理。可以采用下式对数据进行初始化处理：

$$X' = 0.1 + \frac{0.8(X - X_{min})}{X_{max} - X_{min}} \qquad (5 - 22)$$

式中，X_{max}、X_{min} 为每组数据的最大值和最小值；

X' 是因子规范化之后的取值。

此外，对全部权值和阈值进行初始化，初始值通常设定为（-1，1）之间的随机数。

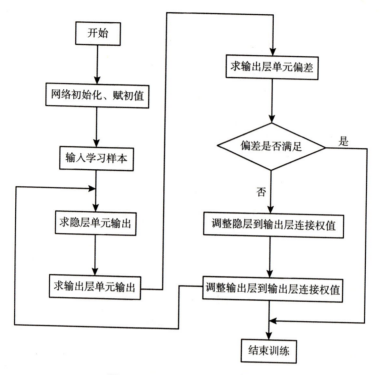

图 5-3 BP 神经网络计算步骤

③将输入层的数据输入至激活函数，计算输出层的输出结果；当输出结果与预期的结果有误差时，反向计算训练误差。

设输入向量为

$$X = (x_1, \ x_2, \ \cdots, \ x_k, \ \cdots, \ x_n)^T \qquad (5-23)$$

输出层输出向量为

$$Y = (y_1, \ y_2, \ \cdots, \ y_k, \ \cdots, \ y_l)^T \qquad (5-24)$$

隐含层输出向量为

$$O = (o_1, \ o_2, \ \cdots, \ o_j, \ \cdots, \ o_m)^T \qquad (5-25)$$

期望输出向量为

$$Y' = (y_1', \ y_2', \ \cdots, \ y_k', \ \cdots, \ y_l')^T \qquad (5-26)$$

输入层到隐含层的权值矩阵为

$$V = (v_1, \ v_2, \ \cdots, \ v_j, \ \cdots, \ v_m)^T \tag{5-27}$$

隐含层到输出层的权值矩阵为

$$W = (w_1, \ w_2, \ \cdots, \ w_k, \ \cdots, \ w_l)^T \tag{5-28}$$

根据信息的正向传播，则有隐含层神经元输出为：

$$o_j = f(\sum_{i=0}^{n} v_{ij}x_i)j = 1, 2, \cdots, m \tag{5-29}$$

输出层的神经元输出为：

$$y_k = f(\sum_{j=0}^{m} w_{jk}y_j)k = 1, 2, \cdots, l \tag{5-30}$$

输出误差函数为：

$$E = \frac{1}{2}(y' - y)^2 = \frac{1}{2}\sum_{k=1}^{n}(y'_k - y_k)^2 \tag{5-31}$$

根据误差的反向传播，则有隐含层的误差为

$$E = \frac{1}{2}\sum_{k=1}^{l}\left[y'_k - f(\sum_{j=0}^{m} w_{jk}o_j)\right]^2 \tag{5-32}$$

输入层的误差为

$$E = \frac{1}{2}\sum_{k=1}^{l}\left\{y'_k - f\left[\sum_{j=0}^{m} w_{jk}f(\sum_{i=1}^{n} v_{ij}x_i)\right]\right\}^2 \tag{5-33}$$

④调整权值和阈值。

$$\Delta w_{jk} = -\eta\frac{\partial E}{\partial w_{jk}}j = 0, 1, 2, \cdots, m; \ k = 1, 2, \cdots, l \tag{5-34}$$

$$\Delta v_{ij} = -\eta\frac{\partial E}{\partial v_{ij}}i = 0, 1, 2, \cdots, n; \ j = 1, 2, \cdots, m \tag{5-35}$$

其中 η 是反映学习速率的常数，一般取值为（0，1）之间的数值。

对于输出层，

$$\Delta w_{jk} = -\eta\frac{\partial E}{\partial w_{jk}} = -\eta\frac{\partial E\partial net_k}{\partial net_k\partial w_{jk}} \quad j = 0, 1, 2, \cdots, m; \ k = 1, 2, \cdots, l$$

$$\tag{5-36}$$

对于隐含层，

$$\Delta v_{ij} = -\eta \frac{\partial E}{\partial v_{ij}} = -\eta \frac{\partial E \partial net_j}{\partial net_j \partial v_{ij}} i = 0, \ 1, \ 2, \ \cdots, \ n; \ j = 1, \ 2, \ \cdots, \ m$$

$$(5-37)$$

上式中，定义

$$\delta_k^y = -\frac{\partial E}{\partial net_k} \qquad\qquad (5-38)$$

$$\delta_j^o = -\frac{\partial E}{\partial net_j} \qquad\qquad (5-39)$$

又因为，

$$\frac{\partial E}{\partial y_k} = -(y_k' - y_k) \qquad\qquad (5-40)$$

$$\frac{\partial E}{\partial o_j} = -\sum_{k=1}^{l} (y_k' - y_k) f'(net_k) w_{jk} \qquad (5-41)$$

因此，

$$\delta_k^y = (y_k' - y_k) y_k (1 - y_k) \qquad\qquad (5-42)$$

$$\partial_j^o = \Big[\sum_{k=1}^{l} (y_k' - y_k) f'(net_k) w_{jk} \Big] f'(net_j) \qquad (5-43)$$

即，BP 算法的权值调整公式为

$$\Delta w_{jk} = \eta (y_k' - y_k) y_k (1 - y_k) o_j \qquad\qquad (5-44)$$

$$\Delta v_{ij} = \eta \delta_j^o x_i = \eta \Big(\sum_{k=1}^{l} \delta_k^y w_{jk} \Big) (1 - o_j) x_i \qquad (5-45)$$

则对于输出层，有

$$\Delta W = \eta (\delta^j Y^T)^T \qquad\qquad (5-46)$$

对于隐含层，有

$$\Delta V = \eta (\delta^o X^T)^T \qquad\qquad (5-47)$$

⑤按新的权值和阈值进行计算，直至满足停止条件为止。

⑥对训练好的 BP 神经网络输入检验样本，输出预测结果。

在用 BP 神经网络进行建模时，需要考虑以下几方面的问题：

①层数设计。

三层 BP 神经网络由输入层、输出层和隐含层组成，具有令人满意的对连续映射的逼近能力，Robert Hech – Nielson 证明其可以用来逼近闭区间内任意连续函数。因此，在一般的研究中，采用三层 BP 神经网络作为建模模型。

②隐含层的神经元数。

隐含层的神经元数（节点数）对网络收敛速度有很大影响。如果神经元的个数太少，神经网络的学习能力不够理想，训练的次数增多并且精度较低；反之，如果隐含层神经元的个数太多，虽然功能强大，但是训练时间会相应增加。因此，隐含层神经元数的选择比较复杂，没有统一的规定，一般按照如下的公式进行设计：

$$m = \sqrt{p+q} + N \qquad\qquad (5-48)$$

其中：m 为隐含层神经元数；

p 为输入层神经元数；

q 为输出层神经元数；

N 为 1 ~ 10 之间的任意整数。

BP 算法简单易行，并行性强等优点称为目前最为广泛使用的，最为成熟的神经网络算法之一。但是也存在一些不足，比如：容易陷入局部最小状态，学习效率低等问题[179-181]。针对 BP 神经网络的缺点，目前提出了如下几种改进方法。

①附加动量法。

该方法在反向传播的基础上，对每一个权值的变化再加上一项调整系数。也就是不仅考虑误差在梯度上的作用，而且考虑其在曲面上变化趋势的影响。

②自适应调整学习速率法。

在神经网络算法计算过程中，当学习速率选的太小会导致收敛速度过慢；反之有可能收敛过头，甚至震荡发散。自适应调整学习速率算法在训练过程中通过调整学习速率 η 解决了这个问题。

③Levenberg – Marquardt（LM）优化算法。

更新了权值参数的基于 LM 算法的神经网络在很大程度上解决了

传统神经网络的缺陷。因此，也成为应用广泛的改进 BP 算法。LM 算法经典是牛顿法的变形，是针对训练快速收敛的目的，但是却避免了准牛顿法采用的计算海赛阵（Hessian matrix），大大减少计算量，成为非线性最小二乘法例程的标准。其表达形式由经典牛顿法推导而成。

在经典牛顿算法中，$E(W)$ 可以由一个二次型近似表示：

$$E(W) = E(W_n) + g_n^T(W - W_n) + \frac{1}{2}(W - W_n)^T H_n(W - W_n)$$

$$(5 - 49)$$

其中 $g_n = \nabla E(W_n)$，$H_n = \nabla E^2(W_n)$

g_n 是一阶梯度矩阵，

H_n 是 Hessian 矩阵。

对上式求导并令其为零，则

$$H_n(W - W_n) = -g_n \qquad (5 - 50)$$

若 H_n^{-1} 存在，则 $W = W_{n+1}$ 是二次函数 $q_n(\theta)$ 的极小点，

那么

$$W_{n+1} = W_n - H_n^{-1} g_n \qquad (5 - 51)$$

上式推导的是经典牛顿法的迭代公式。但是 Hessian 矩阵计算量非常大，因此，采用改进的 LM 算法，利用非线性最小二乘法推演 Hessian 矩阵，推导如下：

采用误差平方和表示 BP 神经网络的目标函数

$$E = \frac{1}{2}(y' - y)^2 = \frac{1}{2}\sum_{k=1}^{n}(y_k' - y_k)^2 \qquad (5 - 52)$$

则 $E(W)$ 可以表示为：

$$E(W) = \frac{1}{2}\sum_{i=1}^{n} e_i^2(W) = \frac{1}{2}e^T(W)e(W) \qquad (5 - 53)$$

$$g = \frac{\partial E(W)}{\partial W} = \sum_{i=1}^{n} e_i(W)\frac{\partial e_i(W)}{\partial W} = J^T e(W) \qquad (5 - 54)$$

其中 J 是 $e(W)$ 的 Jacobian 矩阵

$$J = \frac{\partial e(W)}{\partial W} = -\frac{\partial f(o, W)}{\partial W} \qquad (5 - 55)$$

上式中的 Hessian 矩阵就可以通过下式计算：

$$H = \frac{\partial^2 E(W)}{\partial W \partial W^T} = J^T J + S \approx J^T J \qquad (5-56)$$

$$则\ W_{n+1} = W_n - (J^T J)^{-1} J^T e \qquad (5-57)$$

这就是高斯牛顿公式；对其稍加改进可以得到 LM 算法的迭代公式：

$$\Delta W = (J^T J + \mu I)^{-1} J^T e \qquad (5-58)$$

在上式中，当 μ 增加时，LM 算法接近于最速下降算法；当 μ 下降到 0 的时候，LM 算法变成高斯牛顿算法。因此，LM 优化算法实质上是牛顿算法和标准梯度下降法的结合，它综合了牛顿法和标准梯度下降法二者的优点。比前几种使用梯度下降算法的 BP 算法计算速度显著提高，既有较高的精度，又有快速的收敛速度。

为了提高模型预测的精度，加快迭代速度，在神经网络预测之前，对各个自变量与因变量进行灰色关联度分析，剔除关联度较小的自变量。

3. 用户建模

根据此类用户的特点，采用基于 LM 的 BP 神经网络对其进行建模。设副产煤气消耗量为 y，影响副产煤气消耗量的相关因素

$$X = (x_1,\ x_2,\ \cdots,\ x_p,\ \cdots,\ x_q),\ 1 \leqslant p \leqslant q \qquad (5-59)$$

为了保证神经网络的训练速度和精度，首先利用灰色关联度分析。假设 $x_{p+1},\ x_{p+2},\ \cdots,\ x_q$ 与 y 的关联度小于 0.6，则将其作为与煤气消耗量 y 不相关的因素而剔除。

采用 LM - BP 网络算法，选取 $X = (x_1,\ x_2,\ \cdots,\ x_p)$ 作为输入，y 作为输出，隐含层和输出层均选用 Sigmoid 函数作为转移函数，用足够多的样本训练网络并检验。

5.2.5　第四类消耗用户建模

1. 用户特点及模型选择

有些用户很难确定影响副产煤气消耗量的因素。例如民用焦炉煤气和一些小型零散消耗用户，只能得到消耗量的随时间变化的序列。

因此对于这类用户，本书采用 ARMA 时间序列方法对其消耗量进行预测[182,183]。

2. 模型介绍

在第 4 章已经对 ARMA 时间序列方法进行详细介绍，这里不做详细介绍。

3. 用户建模

根据此类用户的特点，选择时间序列分析对其进行建模。假设 y_t 为 t 时刻副产煤气的消耗量，建模时，应根据 y_t 与其前期值 y_{t-1}，y_{t-2}，…，y_{t-p} 的自相关系数的分析，选择适当的 AR、MA 或 ARMA 模型进行建模。然后对建立的模型进行残差检验，确立最终的模型并预测。

5.3 实证分析

实证分析以我国 K 钢铁企业为例，在企业中消耗某一种副产煤气的用户包括：

（1）烧结炉，单一消耗焦炉煤气；

（2）1#、2#焦炉，单一消耗焦炉煤气；

（3）3#、4#焦炉，单一消耗高炉煤气；

（4）高炉热风炉，单一消耗高炉煤气；

（5）居民等其他小型零散用户，单一焦炉煤气。

下面将会对这五个用户的副产煤气消耗量进行预测，其中烧结炉属于上面介绍的第一类用户，将采用指数平滑法进行预测；1#、2#、3# 和4#焦炉属于第二类用户，将采用回归分析法预测；高炉热风炉属于第三类用户，将采用 BP 神经网络法进行预测；居民等其他小型零散用户用煤气属于第四类用户，将采用 ARMA 时间序列方法进行预测。

5.3.1 烧结炉消耗量的预测

以 15 分钟为一个计数点，共 275 个计数点的观测值作为烧结炉消耗焦炉煤气的原始数据。原始数据的折线图如图 5 - 4 所示。由图我们可以看出，烧结炉消耗的焦炉煤气量比较平稳，波动很小。对其采用二阶指数平滑法对烧结炉消耗焦炉煤气量进行预测，得到预测模型为：

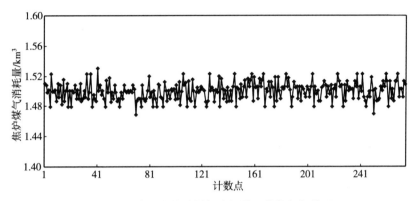

图 5 - 4   烧结炉焦炉煤气消耗量原始数据折线图

$$\hat{y}_{T+k} = 1\ 501.6 + 0.01k \qquad (5 - 60)$$

图 5 - 5 是样本内预测值与实际测量值之间对比图，相对百分误差率为 0.9%，拟合精度很高。由图也可直观看出，预测效果较好。

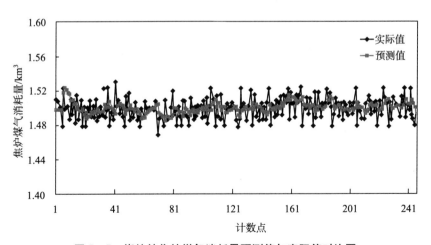

图 5 - 5   烧结炉焦炉煤气消耗量预测值与实际值对比图

5.3.2 焦炉消耗量的预测

实证企业一共有 4 座焦炉，其中 1#、2#焦炉单独消耗焦炉煤气，3#、4#焦炉单独消耗高炉煤气。下面将使用回归分析预测法，分别对 1#、2#焦炉消耗焦炉煤气量和 3#、4#焦炉消耗高炉煤气量进行预测。

1. 1#、2#焦炉消耗焦炉煤气量预测

焦炉炼焦过程不很复杂，炼焦所需焦炉煤气只与焦炭的产量有密切的关系，本书选取 22 组焦炉煤气消耗量与其对应的焦炭产量的数据，散点图如图 5-6 所示。从图中可以看出，煤气消耗量与焦炭产量成明显线性关系。

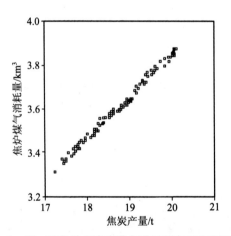

图 5-6 1#、2#焦炉焦炭产量与焦炉煤气消耗量散点图

以焦炉煤气消耗量为因变量 y，以焦炭产量为自变量 x，采用最小二乘法进行参数估计，对 x 和 y 建立线性回归方程为：

$$y = 0.191x + 0.025 \tag{5-61}$$

式中，y 为焦炉煤气消耗量（km^3）；

x 为焦炭产量（t）。

方程的拟合度达到了 98.8%，并且通过了 F 检验和 t 检验。样本内预测的 MAPE 为 0.26，预测精度非常高。图 5 - 7 是回归方程得到的预测值与原始测量值的对比图。

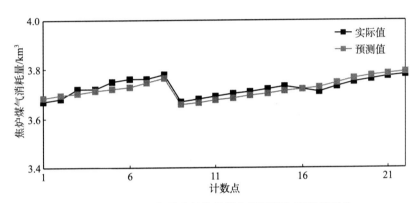

图 5 - 7　1#、2#焦炉消耗焦炉煤气预测值与实际值对比

2. 3#、4#焦炉消耗高炉煤气量预测

同理，以高炉煤气消耗量为因变量 y，以焦炭产量为自变量 x，采用同样的方法对 3#、4#焦炉消耗高炉煤气量进行预测，得到预测方程为：

$$y = 0.76x + 0.02 \tag{5 - 62}$$

式中，y 为高炉煤气消耗量（km^3）；

x 为焦炭产量（t）。

方程的拟合度达到了 98.6%，方程通过了 F 检验和 t 检验。样本内预测的 MAPE 为 0.30，预测精度非常高。图 5 - 8 是回归方程得到的预测值与原始测量值的对比图。

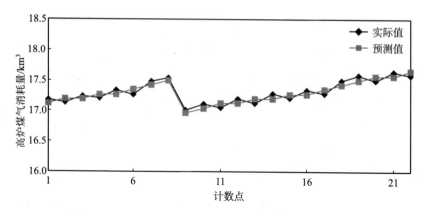

图 5 - 8　3#、4#焦炉消耗高炉煤气预测值与实际值对比

5.3.3　高炉热风炉消耗量的预测

高炉热风炉消耗煤气的过程比较复杂，有很多因素影响着煤气消耗量，并且很难得到这些影响因素与煤气消耗量之间的关系，因此，本书采用 BP 神经网络方法对煤气消耗量进行预测。

实证企业一共有 4 座高炉热风炉，采用的是"两烧两送"工作制，为了提供预测精度，本书采用对每台热风炉进行高炉煤气消耗量的预测，然后将 4 台预测量相加得到高炉热风炉总的高炉煤气消耗量。下面将针对一台热风炉举例介绍预测过程，会从高炉热风炉煤气消耗影响因素的选取、灰色关联度分析和 BP 神经网络预测三个方面进行介绍。

1. 影响因素的选择

高炉热风炉的一个工作周期包括燃烧、送风和换炉三个过程，其中燃烧过程就是，热风炉通过燃烧高炉煤气，使得热风炉中的空气温度上升，使得热风炉拱顶温度达到设定值后进行蓄热；送风就是将热空气送入高炉中，此时热风炉停止剧烈，只是少量消耗高炉煤气来保持热风炉内的温度；换炉时间一般比较短，就是只几个热风炉之间调换。

在高炉热风炉整个工作周期中，对高炉煤气消耗量产生影响的主要因素有拱顶温度、热风炉废气温度以及进入热风炉的空气量。

2. 灰色关联度分析

采用灰色关联度分析法，考察上述三个影响因素与热风炉煤气消耗量之间的关联度。选取了 66 组原始数据作为分析依据，采用灰色关联度分析软件进行计算，得到三个因素的关联系数分别为 0.608、0.612 和 0.908，可见三个因素都与煤气消耗量有较强的相关性。因此选择这三个指标作为输入 BP 进行神经网络预测。

3. BP 神经网络预测

BP 神经网络预测模型设计如下：

输入层：3 个神经元，对应的是拱顶温度、废气温度和进入空气量；

隐含层：3 个神经元，采用单极性 Sigmoid 函数作转移函数；

输出层：1 个神经元，采用单极性 Sigmoid 函数作转移函数；

学习算法：LM – BP 算法

预给精度：0.001

训练次数：10 000

将 66 组原始数据进行标准化处理后，使用 Matlab 神经网络工具箱实现 LM 算法对网络的训练，总共训练 36 次达到预设精度，网络收敛速度大幅提高。模型的预测值与实际测量值的对比如图 5 - 9 所

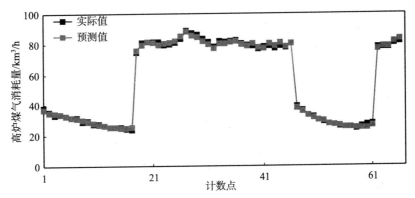

图 5 - 9　高炉热风炉消耗高炉煤气预测值与实际值对比

示。再用 4 组数据对训练好的神经网络进行检测，预测值（实际输出）和实际值（期望输出）之间的拟合优度 $r^2 > 98\%$，表明本书所构建的 LM – BP 神经网络模型性能良好，可以用于高炉热风炉消耗高炉煤气量的预测。

5.3.4　居民等其他小型零散用户焦炉煤气用量的预测

居民等其他小型零散用户使用的焦炉煤气量没有规律，影响因素众多且难以全面找到。而且它们各自的煤气消耗量相对较小，只需要对其消耗量的总和进行预测。因此对于这类用户，采用 ARMA 时间序列对其煤气消耗量总和进行预测。

以 15 分钟取一个计数点，共选取 130 个计数点的实际观测值作为这类用户焦炉煤气消耗量的原始数据。

将原始数据绘制成折线图，如图 5 – 10 所示。分别计算出原始数据和一阶差分数据自相关系数，发现自相关系数都没有很快接近于 0，说明原始序列和一阶差分数据均为非平稳数据。对原始数据进行二阶差分处理，并计算得到二阶差分数据自相关系数，自相关系数很

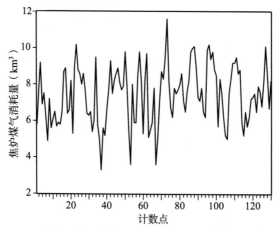

图 5 – 10　居民等其他小型零散用户焦炉煤气消耗量原始数据折线图

快趋近于 0，经过二阶差分的序列数据达到平稳性要求，可以对其建模。通过对二阶差分序列自相关系数和偏自相关系数分析，得出 AR-MA(3，1) 模型适合对居民等其他小型零散用户使用焦炉煤气量总和进行预测。

通过 Eviews 软件对 ARMA(3，1) 模型系数进行估计，得到的结果如表 5 - 1 所示。由表 5 - 1 可以看出，各滞后多项式的倒数根都在单位圆以内，说明过程是平稳的。

表 5 - 1　　　　居民等其他小型零散用户用焦炉煤气消耗量
ARMA(3，1) 预测模型系数估计

Variable	Coefficient	Std. Error	t - Statistic	Prob.
AR(1)	- 0.254253	0.096196	- 2.643073	0.0094
AR(2)	- 0.342723	0.091640	- 3.739895	0.0003
AR(3)	- 0.146972	0.091963	- 1.598167	0.1127
MA(1)	- 0.988745	0.009133	- 108.2558	0.0000
R - squared	0.835228	Mean dependent var		0.025620
Adjusted R - squared	0.822650	S. D. dependent var		2.509699
S. E. of regression	1.541679	Akaike info criterion		3.744066
Sum squared resid	275.7059	Schwarz criterion		3.859595
Log likelihood	- 221.5160	Durbin - Watson stat		1.972229
Inverted AR Roots	0.60	0.34 + 0.62i		0.34 - 0.62i
Inverted MA Roots	0.99			

对 ARMA(3，1) 模型进行残差检验得到残差序列的自相关系数都落入随机区间，自相关系数 (AC) 的绝对值几乎接近 0，表明残差序列是白噪声序列。通过残差检验，拟合度良好。

将 ARMA(3，1) 模型样本内预测值与实际观测值进行对比，预测的平均绝对百分误差 MAPE 为 10.56，预测精度较高，如图 5 - 11 所示。对数据做 4 期样本外预测，得到平均误差率为 9.98%，符合模型精度要求。

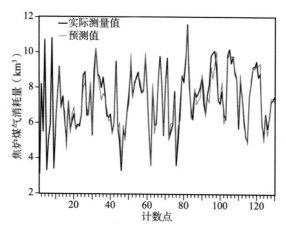

图5-11   ARMA(3，1) 模型预测值与实际测量值对比

5.4   本 章 小 结

本章对钢铁企业副产煤气产消系统中，消耗某种煤气用户的消耗量进行建模预测。根据它们消耗煤气的不同特点将其分成四类，分别采用指数平滑分析法、回归分析法、BP 神经网络法和 ARMA 时间序列法对煤气消耗量进行了预测，取得了较好的预测效果。

算例分析中，对我国 K 钢铁企业中相应设备的副产煤气消耗量进行建模预测。K 企业的待预测用户中，烧结炉属于第一类用户，采用指数平滑法进行预测；1#、2#焦炉消耗焦炉煤气、3#、4#焦炉消耗高炉煤气，它们都属于第二类用户，采用线性回归方法分别进行预测；高炉热风炉属于第三类用户，采用 LM - BP 神经网络进行预测；居民等其他小型零散用户属于第四类用户，采用 ARMA(3，1) 模型进行。结果显示，对于不同类型的用户，均取得了较好的拟合度和精度，建立的模型可以作为钢铁企业副产煤气消耗量的预测模型。

第6章

钢铁企业副产煤气多周期
动态优化调度建模

6.1 引　　言

  副产煤气是钢铁企业在生产过程中产生的二次能源，占企业总能源消耗量的30%左右。因此，副产煤气的综合利用是钢铁企业节能降耗的重要突破口。其中对副产煤气系统的优化调度是重要途径之一。

  目前，大多数钢铁企业对煤气系统的优化调度仅仅处于起步阶段，仍然凭经验人工进行调度。这难以达到系统的最优运行，显然已无法适应日趋激烈的市场竞争，也无法满足企业节能降耗的目标。因此，副产煤气系统优化调度的研究对钢铁企业提高自身竞争力具有重要的现实意义。

  本章以钢铁企业副产煤气为目标系统，对其进行优化调度，用MILP算法建立了副产煤气系统优化调度模型。

6.2　有关调度的预备知识

  优化调度是在常规调度基础上发展起来的，以运筹学为理论基础，以一定的最优准则为依据，利用系统工程理论和最优化方法，借助于现代计算机高速计算能力，寻找满足调度原则的最优运行方式。

调度问题是在一定约束条件下，为特定对象设计流程，并指定各任务在流程中的顺序与时间的安排过程。早在 20 世纪初，为了满足生产制造行业中生产计划需求，调度理论就已经在应用数学中出现。后来随着调度理论和方法的不断发展，调度理论扩大到了很多的领域，例如电力系统调度，运输调度、飞机铁路调度等。

当前随着市场经济不断发展，企业面临着激烈的市场竞争，生产规模越来越大，生产过程也越来越复杂，因此通过调度对流程进行有效的管理和监控变得越来越重要。调度系统的工程实现是企业降低成本、节约资源、提高生产效率的重要手段。

调度理论与方法研究是非常困难的，生产规模的不断扩大，生产工艺复杂性的提高都不断地加大了调度方法和研究难度。因此通过计算机技术、数学、人工智能技术以及人工经验等方法，开发和寻找适合的调度方法成为提高企业生产效率和效益的关键。

6.2.1 调度算法

调度主要涉及一定时间内共享资源的可用和设备分配等问题，很多学者对其算法进行研究。调度问题本质可以归结为优化问题，因此最优化领域的算法都可以应用到调度领域。针对具体应用和需要，各种各样的调度算法被不断的提出，并得到改进。按照调度算法的机理，可以分为两类：基于模型的调度和基于规则的调度。基于模型的调度通常将具体的问题表示成带有约束条件的数学模型，对模型运用一定的调度算法，根据特定的目标、寻求有效的求解策略。主要包括线性规划法、混合线性整数规划法、非线性规划等。该类方法通常能够得到问题的最优解，其缺点在于，该问题被描述为 NP - 完全问题，随着调度问题规模的扩大，调度问题的求解复杂度成指数增加，难度急剧增加。基于规则的调度根据一定的调度规则或者策略来确定调度方案，从而避免了大量的复杂计算，效率高，实时性好。如启发式算法。这种算法不能保证解的最优性，通常只能提供一定程度的次优可行解，缺乏对整体性的有效把握。按照调度方法的发展过程可分为传统调度方法和基于人工智能技术的智能调度方法。传统调度方法包括数学规划法。智能调度方法通过模仿人类解决调度的方法，来寻求优化策略，主要方法包括：专家系统、遗传算法、神经网络法、Multi - Agent 算法等。

下面对主要的调度算法进行简单的介绍：

1. 数学规划方法

数学规划方法在调度求解中被广泛的应用。调度问题可以用线性规划、整数规划、混合整数线性规划和动态规划法来描述。该方法基于某些理想化的简单假设，为问题建立合理的数学模型，将优化问题表达为目标函数和一系列约束条件的形式，进一步求解模型可得到调度问题的最优解。数学规划方法是调度问题中最为有效的方法，因为它在理论上可以得到最优解，有效性最高，适用范围比较广，几乎能适用于任何一种调度问题。但是对于复杂大规模优化问题往往会受到问题规模的限制。不过随着近几年计算机技术的发展，使得这些方法又焕发了新的活力。

2. 基于仿真的方法

由于制造系统的复杂性，很多时候很难用精确的解析模型对其进行描述分析。但是基于仿真的方法不单纯追求系统的数学模型，侧重对系统中运行的逻辑关系的描述，可以定量地进行评估，通过运行仿真模型来收集数据，则能对实际系统进行性能、状态等方面的分析，从而对实际系统采用合适的调度方法。

仿真方法最早被用来作为测试调度启发式规则及分派规则的工具。后来，人们发现，通过将简单的优先权规则进行组合，或用一个简单的优先权规则将一些启发式规则进行组合，这样的调度优于单独的优先权规则。于是，仿真方法逐渐发展为一种人机交互的柔性仿真工具，并用来进行车间调度。这样，就能通过仿真而动态地展现车间的状态，分析在不同的调度方法下的系统性能，并运用知识和经验去选择合适的调度方法和规则，从而改善调度性能。

仿真方法用于调度的优点有：

（1）实验时间短，不受时空限制；

（2）可以测试不同调度决策的性能，以选择较优的调度决策；

（3）能够对用分析方法解决的问题寻求可行解等。

同时，它也不可避免地存在一些问题。

（1）鉴于其实验性，因此，很难对调度的理论作出贡献；

（2）应用仿真进行调度的费用很高，不仅在于产生调度的计算时间上，而且在于设计、建立、运行仿真模型上的高费用；

（3）仿真的准确性受编程人员的判断和技巧的限制，甚至很高精度的仿真模型也无法保证通过实验总能找到最优或次优的调度；

（4）由于仿真方法在模拟实际环境时做了某些假设和近似，而且仿真模型的建立较多地依赖于诸如随机分布等参数的选择，因而仿真结论往往因模型的不同而不同，很难取得一个一致的结论。然而，对多数调度问题而言，在缺乏有效的理论分析的情况下，仿真仍不失为一种最受欢迎的方式。

对于未来进一步研究，可以先从策略上得到启示。此外可以从如下几个方面入手：

（1）寻求新的算法，比如将其他领域的算法与调度问题结合；

（2）将一些算法综合应用，分别取长补短，现在的很多研究就是应用混合算法，基于多种方法组合的研究方法包括基于不同类智能方法组合的研究方法，基于模型与智能组合的方法，基于人机交互与智能组合的研究方法，基于模型与人机交互组合的研究方法；

（3）考虑如何将调度理论应用于实际调度，目前已知的运行很成功的调度系统还不多，这里面还有问题需要解决。

3. 基于 DEDS 的解析模型方法

由于离散制造系统是一类典型的离散事件动态系统（Discrete Event Dynamic System，DEDS），因此，可以用研究离散事件系统的解析模型和方法去探讨车间调度问题，诸如排队论、极力极小代数模型、Petri 网等。调度中的排队论方法是一种随机优化方法，它将每个设备看成一个服务台，将每个作业作为一个客户。作业的各种复杂的可变特性及复杂的路径，可通过将其加工时间及到达时间假设为一个随机分布来进行描述。总的说来，排队网络模型由于从随机统计的角度来描述生产系统，难以表述系统中存在的某些特性（如有限的缓存空间等），同时，产生的输出是基于系统稳态操作的平均量，因此，很难得到比较具体的细节。Petri 网作为一种图形建模工具可以形象地表示和分析生产系统中加工过程的并发和分布特征以及多项作业共享资源时的冲突现象，具有很强的建模能力，对于描述系统的不确定性和随机性也具有一定的优越性。在制造自动化领域，利用 Petri 网及其扩展形式的模型进行死锁分析、调度决策和性能评价等已有大量理论研究文献。赋时 Petri 网是在以往 Petri 网的基础上又引入了时间元素，使其能够用于生产系统中加工的组合优化、生产进程的实时调度和性能估计等。部分学者用赋时 Petri 网为生产系统建模，通过优化变迁的发生序列来产生的搜索可标识集，从而得到较优的调度结果。

目前，Petri 网模型用于生产系统的调度还存在以下的问题：

（1）节点语义的单义性，使得所携带的系统信息量不够丰富；

（2）重用性差，Petri 网多是基于生产系统中作业的加工流程建模，当作业需求或工艺稍有变动时，必须修改模型结构，这难以适应生产系统中存在的不确定因素；

（3）不能对高级的调度规则加以建模，通常只能用禁止弧机制体现一些低级控制。

4. 启发式规则方法

启发式算法通常称为调度规则。从实用角度来看，启发式算法因易于实现、规则简单、计算复杂度低等优点，在实际中一直受到学者关注并得到了广泛的应用。启发式规则方法是从尚未调度的工作中按照规则进行选择，知道所有工件均被调度为止。调度规则是基于经验和特定问题获得的，调度的计算时间有所减少，但是近十年的研究表明启发式规则不存在一个全局最优的调度规则，所有规则只适合于特定场合。它是局部优化方法，难以得到全局优化结果，并且不能对得到的结果进行次优性的定量评估。但是它通常缺乏对整体性能的有效把握和预见，因此在实际应用中通常与其他方法结合应用，根据具体情况选择合适的调度规则。

5. 人工智能技术

在 20 世纪 80 年代，人工智能技术发展迅速，该类方法有如下优点：在决策处理过程中同时采用定性和定量的知识，能生成启发式规则，可以在整个系统中选择最好的启发式规则，能够敏锐地获得信息之间的复杂关系，并采用特殊的技术来处理这些关系。这类方法也存在一些不足，开发周期过长、成本昂贵、需要丰富的调度经验和知识、对新的环境和应用适应性差等。

该类方法主要包括专家系统和基于知识的系统。二者均由两个部分组成：知识库和推理机制。知识库包括一些规则、过程和启发式信息等。推理机制用来选择一种策略处理知识库中的知识，以便随时解决问题。推理机制分为数据驱动和目标驱动两种。一些比较有名的系统有 SONLA、ISIS 和 OPIS 等。

6. 人工神经网络优化

神经网络（Neural Network）模仿了人类学习和对事物的预测能力，是一种并行处理模型。它的提出为求解各种有约束优化问题开辟了一条新途径。这种模型根据网络拓扑结构、节点特征和训练或者学习规则的不同而变化。神经网络用于调度主要有 3 类方式：

（1）利用其并行计算能力，求解优化调度，以克服调度的 NP 难问题；

（2）利用其学习能力，从优化轨迹中提取调度知识；

（3）用神经网络来描述调度约束或调度策略，以实现对生产过程的可行或次优调度。

人工神经网络的效率受训练影响很大，并且在问题规模较大时，存在计算速度慢、结构参数难以确定等缺点。

7. 遗传算法

GA（Genetic Algorithms）的基本思想来源于分子遗传学和生物进化论，其基本原理是产生若干代表候选解的成员，并组成一个群体，按照某一评价函数或算法对群体中的每个成员进行评估，评估结果代表解的良好性。按照适者生存、优胜劣汰的原则，群体中的某一成员越适合，则越有可能产生后代。利用遗传操作符对群体中的成员进行遗传操作，产生新的后代，这种后代能继承双亲的特征。对后代进行评估，并将其放入群体，代替上一代中较弱的成员。此过程反复执行，这构成一代的群体。随着遗传过程的不断进行，越好的解就可以得到[184,185]。

一些学者经过研究发现，遗传算法比经典的启发式算法好，同时遗传算法比传统的搜索技术有更强的鲁棒性，因为它不仅能解决某一特定问题，而且可以适用不同的问题形式[186-188]。

遗传算法的优越性归功于它与传统搜索方法不同的特定结构：

（1）GA 的工作问题是编码，对搜索问题的限制极少，对函数的一些约束条件不做要求，减少了要解决的问题的复杂性；

（2）GA 可以同时搜索解空间内的许多点，因而可以有效地防止搜索过程中收敛到局部最优解，并获得全局最优解，与其他单点搜索的方法相比，在计算时间上也有较大的优势。

（3）GA 使用遗传操作时是按概率在解空间进行搜索，因而既不同于随机查找，也不同于枚举查找那样盲目的穷举，而是一种有目标、有方向的启发式搜索。

8. 模拟退火法

模拟退火算法（Simulated Annealing，SA）将组合优化问题与统计力学中的热平衡问题类比，另辟了求解组合优化问题的新途径。它通过模拟退火过程，可找到全局（或近似）最优解。模拟退火法的几个重要部分为：生成函数（generation）、容忍函数（acceptance-function）、降温过程和结束准则口模拟退火法的改进算法等。由于模拟退火法能以一定的概率接受比较差的能量值，因而有可能跳出局部极小，但它的收敛速度较慢，很难用于实时动态调度环境。

9. 模糊逻辑的方法

客观现象具有确定性与不确定性两个基本方面，经典数学表达的是现象的确定性。不确定性一方面表现为随机性，另一方面表现为模糊性，因此可以把模糊的概念引入调度领域。模糊逻辑主要用来解决调度问题中不确定的加工时间、约束和辅助时间等，将这些用模糊数据来表示。

有学者将不同的调度规则对加工系统性能的影响描述成模糊数学的形式，根据其对性能的影响程度将不同的规则进行组合，并通过模糊推理确定不同加工环境下使用的规则或者组合规则，这样明显好于简单的规则或加权规则组合。模糊逻辑的方法同样具有开发周期长、需要丰富的调度经验和知识等缺点。

10. Multi – Agent 方法

基于多代理（Multi – Agent）技术的合作求解方法是较新的智能调度方法，它提供了一种动态灵活、快速响应市场的调度机制，它以分布式人工智能（Distributed ArtificialIntelligence，DAI）中的多代理机制作为新的生产组织与运行模式，通过代理（Agent）之间的合作以及 MAS 系统协调来完成生产任务的调度，并达到预先规定的生产目标及生产状态。在这种研究方法中，在 Agent 内部也可采用基于规则及智能推理相结合的混合方法，来构造基于 MAS 的调度系统。

研究表明，Multi – Agent 特别适用于解决复杂问题，特别是那些经典方法无法解决的单元间有大量交互作用的问题。其优点是速度快、可靠性高、可扩展性强、能处理带有空间分布的问题、对不确定性数据和知识有较好的容错性；此外，由于是高度模块化系统，因而能澄清概念和简化设计[189-192]。

6.2.2　调度算法的比较

评价一种调度算法可以根据以下指标来衡量：

（1）解的特性。解的特性是指将特定调度算法应用到调度问题是否能得到可行解、次优解或最优解。

（2）适用性。适用性是指调度算法的计算性能，包括求解速度、求解过程中人机交互操作性（包括人为干预求解过程、选出满足现场需要的解和无解情况下提示不可行约束）。

（3）可扩展性。可扩展性是指在改变过程参数或过程结构的情况下，调度算法是否仍然适用。

（4）鲁棒性。鲁棒性是指在改变过程参数或过程结构的情况下，调度算法是否还能得到性能良好的解。

（5）复杂性。复杂性是指一种调度算法求解难点所在。对于副产煤气的流程系统，对于不同算法，按照上述指标进行对比评价，结果如表6-1所示。

表6-1　　　　　　　　各种调度方法的比较

	解的特性	适用性	可扩展性	鲁棒性	复杂性
遗传算法	差。求解时间越短，约束越紧，找到好解的可能性越小	一般。能在一定时间内找到解	差。当过程结构发生变化时，可扩展性差	差。当结构变化时，需要重新编码，改变算子和参数	选择初始可行解是该算法的难点
基于规则的算法	差。不能保证解的可行性和最优性	一般。求解时间较短，用户必须介入求解过程，可按照用户意图涉及规则	差。过程参数、结构变化都会影响原问题求解规则的有效性	差。一组规则只能适用于特定的问题	用户保证解的可行性

	解的特性	适用性	可扩展性	鲁棒性	复杂性
约束满足调度	差。不能保证所得到解的最优性；不能确定原问题是否有可行解	一般。求解时间较短，约束越紧，约束关联越严重，适用性下降越多，用户必须参与求解过程	差。过程参数和结构的变化都会影响原规则的适用性	差。当过程结构发生变化时，原问题的求解规则不适用于新问题	不能保证解的性能或原问题是否有可行解
基于仿真的算法	差。不能保证解的性能	一般。求解时间正比于调度任务和事件的数量。用户主要任务是产生预备解集，确定分派规则	一般。过程参数或结构变化要求改变原问题仿真模型、部分调度和分派原则	差。当过程结构或参数变化时，必须重新构造仿真模型和部分调度规则	该算法基本上依赖于操作者产生预备解集
混合整数线性规划	好。能保证最优性	一般。求解时间取决于变量数量。不过可以计算软件解决	好。数学模型适用于所有相同类型的调度问题	差。解对于过程参数比较敏感	该算法的难点在于建立调度数学模型

由表 6 - 1 可以看出，对于副产煤气系统，如果能够建立好合适的数学模型，找到简洁快速的求解方法，混合整数线性规划是最为合适的调度算法。并且在副产煤气系统中既包括连续变量，也包括一些设备的开关等 0 ~ 1 整数变量，因此混合整数线性规划方法完全可以满足调度要求。本书拟采用混合整数线性规划方法对副产煤气系统进行调度优化。

6.3　混合整数线性规划（MILP）

整数规划是模型中含有整数变量的规划模型，整数规划是规划论中近 30 年才发展起来一个重要分支。主要是由于经济管理中的大量问题抽象为模型时，人们发现许多量具有不可分割性，因此当它们被作为变量引入到规划中时，常要求满足取整条件。如生产计划中，生产机器多少台（整数）；人力资源管理中，招聘员工多少人（整数）；物流管理中，从一个港口到另一个港口的集装箱调运数量（整数）；整数规划还可以实现不相容状态下，分散模型的模式统一，加强问题系统研究的集成性。因此，整数规划模型不属于线性规划范畴，而属于一种新的类型，整数规划在实践中有比线性规划更为广泛的应用空间。

仅要求部分变量取整数的规划称为混合整数规划（Mixed Integer Linear Programming，MILP），是将线性规划与整数规划相结合的一种规划模型。要求约束条件和目标函数呈线性关系，部分变量为连续值，部分的变量为整数值（或者 0/1 变量）。对于混合整数规划模型，目标函数可以求最大（如求利润最大），也可以求最小（如求成本最小），约束条件可以是"≤"，也可以是"≥"或者"="型的。因此一般混合整数线性规划模型可以表示为：

$$\max(\min) z = c_1 x_1 + c_2 x_2 + \cdots + c_n x_n$$

$$\begin{cases} a_{11} x_1 + a_{12} x_2 + \cdots + a_{1n} x_x \leqslant (\geqslant,\ =) b_1 \\ a_{21} x_1 + a_{22} x_2 + \cdots + a_{2n} x_x \leqslant (\geqslant,\ =) b_2 \\ \vdots \\ a_{m1} x_1 + a_{m2} x_2 + \cdots + a_{mn} x_x \leqslant (\geqslant,\ =) b_m \\ x_j \geqslant 0 \quad (j = 1,\ 2,\ \cdots,\ n) \\ x_j\ \text{部分为整数变量，部分为连续变量} \end{cases}$$

式中，$X = [x_1,\ x_2,\ \cdots,\ x_n]^T$ 为决策变量；

$z = c_1 x_1 + c_2 x_2 + \cdots + c_n x_n$ 为目标函数；

$a_{i1} x_1 + a_{i2} x_2 + \cdots + a_{in} x_n \leqslant (\geqslant,\ =) b_i$ 为资料约束条件（$i = 1$，2，$\cdots$，n）。

满足约束条件的向量 X 为可行解，若至少存在一个可行解，则称此 MILP 问题是可行的，可行解的集合称为可行域。使得目标函数取得最小值（或者最大值）的可行解称为最优解。

由于混合整数线性规划模型中既有连续性变量又有整数变量，因此其解法要比线性规划复杂。要在线性规划的基础上，通过舍入取整，寻求满足整数要求的解。目前能够求解混合整数线性规划模型的方法主要有隐枚举法、割平面法、分支定界法[193]、外点法、内点法[194,195]、Bender 分解法[196]、Lagrangian 松弛法[197,198]等。在这些方法中已经证明分支定界法的适应性最强、求解效率最高[199]。

分支定界法是对有约束条件的最优化问题（其可行解为有限数）的所有可行解空间，恰当地进行系统地搜索的算法。该算法的逻辑流程图如图 6-1 所示，就是把全部可行解空间反复地分解为越来越小的子集（称为分支），并为每个子集内的解值计算一个界（若为求 max 是上界，求 min 是下界，称为定界）。在每次分支后，凡是界限超出已知可行解值的那个子集，就不再进一步分支，而把它剪去（删去）。这样，解的很多个子集（不必检查这些子集中每个解）就可以不考虑了。这种分支继续进行直到找出可行解为止。分支定界法是目前较成功的求解混合整数线性规划问题的方法。该方法已经成为诸多商业软件包 LINGO、SAS、Xpress 等的一种标准算法。

随着软件编程技术的不断进步，各种商业软件已经可以解决数学规划中的求解问题。目前，求解混合整数线性规划模型的商用优化软件有很多种，包括 Xpress、SAS、CPLEX 和 LINGO 等，其中 LINGO 是最为简单常见的一种方法。下面对 LINGO 软件进行简单介绍。

LINGO 软件是由美国 Lindo system 公司研发，主要用于解决优化问题。能够快速、简单和高效地解决线性规划、整数规划、混合整数线性规划以及非线性规划的模型求解问题。LINGO 是一个比较简单的优化软件。即使对优化方面的专业知识了解不多的用户，也能够方便地建模和输入、有效地求解和分析实际中遇到的大规模优化问题，并通常能够快速得到复杂优化问题的高质量的解。它有很方便的输入、输出文件接口，可以链接 Excel 等电子表格，便于用户的查错与分析。图 6-2 为 LINGO 软件的用户界面图。由于 LINGO 应用的广泛性、容易获得性、语言简单易学等优点，本书将会采用 LINGO 对混合整数线性规划进行求解。

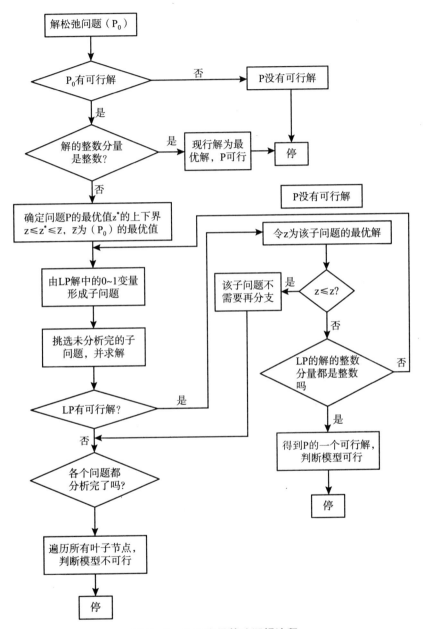

图 6 – 1　分支定界算法逻辑流程

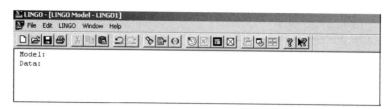

图 6-2　LINGO 软件用户界面

6.4　钢铁企业副产煤气系统优化调度模型的建立

在上一节的分析中可知用 MILP 作为优化调度算法的难点在于建立合适的数学模型。数学模型是对所需解决的实际问题进行抽象，为控制某种现象的发展提供一个优化策略。

建立的数学模型必须能在规定的条件下，准确可靠地描述系统所要达到的目标、所受的限制以及预测方案的变化和估算结果的可靠性。数学模型必须容易处理，计算尽可能简单，抓住关键因素，适当忽略不重要的成分，使问题合理简化。为此，本研究在建模之前对系统做出一些合理的假设。

6.4.1　模型的假设

为了建立数学模型，本书做出如下假设：

（1）锅炉燃料为副产煤气或者石油；

（2）部分用于钢铁生产的各种设备所需燃料只能是副产煤气；

（3）部分用于钢铁生产的各种设备所需燃料为副产煤气或者煤粉；

（4）每个锅炉中都分别有 3 个焦炉煤气、高炉煤气和转炉煤气点火器。

6.4.2　优化目标的选取及影响因素

优化调度问题一般情况下可分为成本最小化和利润最大化问题。通过对副产煤气系统的认识和分析，我们发现副产煤气系统需要优化的变量很多，需要考虑副产煤气的放散率（对环境污染、能源浪费），需要考虑外购燃料的数量（能源浪费），需要考虑设备操作的稳定性（设备的寿命和使用效率）等多个因素，这些指标之间的量纲和量级不同，需要构建一个多目标函数进行求解。然而，这无疑增加了求解的复杂性，并且容易错过最优解而仅仅得到可行解。因此，希望选取一个能够兼顾多个优化变量的指标作为调度模型的优化目标。本研究认为可以选取副产煤气系统的生产成本作为优化目标，因为其他如副产煤气的放散，外购燃料以及设备操作的波动等一系列因素，可以通过设定一定权重的惩罚，转化为系统的生产成本。因此，可以实现副产煤气系统的单目标优化调度，降低了求解过程的难度。

确立系统生产成本最小化为优化目标之后，通过研究和调研发现系统内多个因素会对目标有所影响。比如当副产煤气不足或放散时，需要外购燃料，增加了生产成本；当副产煤气柜中副产煤气量在正常值周围发生波动或者锅炉等设备操作发生变化时，会造成设备的损耗，造成成本的增加；热力厂中产生的电力外卖会增加收入，降低成本。

综上所述，副产煤气系统优化调度应从以下几个方面考虑对成本的影响：

（1）尽可能少的使用外购燃料，包括石油、煤粉等燃料；

（2）尽可能多的产生电力；

（3）尽可能减少副产煤气的放散，防止环境污染和能源浪费；

（4）尽可能保持副产煤气柜中煤气量的稳定，防止设备的损耗，减少副产煤气放散和不足的风险；

（5）尽可能保持锅炉等设备的操作稳定，减少设备的损耗，降低维护成本。

6.4.3　目标函数的确定

本书选取副产煤气系统生产成本最小化为目标函数，充分考虑影响副产煤气系统生产成本的所有因素，包括外购燃料成本、副产煤气的放散成本、副产煤气柜煤气量波动成本以及锅炉操作成本等，对副产煤气系统进行优化。其中副产煤气的产生量和部分消耗用户的消耗量采用第 4 章和第 5 章中预测模型的数据。而对部分消耗用户（既可以用副产煤气也可以采用煤粉作为燃料）副产煤气的分配量，副产煤气柜中气体量，以及锅炉用副产煤气量，锅炉中的点火器开关变化，以及产生的电力等变量进行优化，以达到副产煤气系统生产成本最小化。其中副产煤气柜气体波动和锅炉燃烧器开关次数通过惩罚费用的形式加入目标函数。目标函数如式 6 – 1 所示。

$$
\begin{aligned}
Y = Min \Big\{ & C^{oil} \sum_{t=1}^{P} \sum_{i=1}^{B} f_{i,t}^{oil} + C^{coal} \sum_{t=1}^{P} \sum_{i=1}^{D} W_{i,t}^{coal} + \sum_{t=1}^{P} \sum_{G} W_{HH}^{G} S_{HH}^{G} \\
& + \sum_{t=1}^{P} \sum_{G} W_{H}^{G} S_{H,t}^{G} + \sum_{t=1}^{P} \sum_{G} W_{L}^{G} S_{L,t}^{G} + \sum_{t=1}^{P} \sum_{G} W_{d+}^{G} S_{d+,t}^{G} + \sum_{t=1}^{P} \sum_{G} W_{d-}^{G} S_{d-,t}^{G} \\
& + \sum_{t=1}^{P} \sum_{i=1}^{B} \sum_{G} W_{SW}^{G} \Delta n_{i,t}^{G} + \sum_{t=1}^{P} \sum_{i=1}^{B} \sum_{G} \big[W^{2s} (ibn_{2,i,t}^{G+} + ibn_{2,i,t}^{G-}) \\
& + W^{3s} (ibn_{3,i,t}^{G+} + ibn_{3,i,t}^{G-}) \big] - C^{Elec} \big(\sum_{i=1}^{P} E_{t} - E_{Dem} \big) \quad (6-1)
\end{aligned}
$$

Y 代表副产煤气系统需要优化的成本（yuan）

C^{Oil} 代表石油燃料的单位价格（yuan/t）

$f_{i,t}^{Oil}$ 代表 t 周期锅炉 i 消耗的石油流量（t/h）

C^{coal} 代表煤粉燃料的单位价格（yuan/t）

$W_{i,t}^{coal}$ 代表 t 周期锅炉 i 消耗的煤粉量（t/h）

W_{HH}^{G} 代表煤气柜气体 G 放散的处罚权重（yuan/m³）

S_{HH}^G 代表 t 周期副产煤气柜中气体 G 放散量（m^3）

W_H^G 代表煤气柜中煤气 G 量超过正常波动最大值的处罚权重（$yuan/m^3$）

$S_{H,t}^G$ 代表煤气柜中煤气 G 超过正常波动最大值的量（m^3）

W_L^G 代表煤气柜中煤气 G 量超过正常波动最小值的处罚权重（$yuan/m^3$）

$S_{L,t}^G$ 代表煤气柜中煤气 G 小于正常波动最小值的量（m^3）

W_{d+}^G 代表煤气柜中煤气 G 量超过煤气柜煤气含量最佳值的处罚权重（$yuan/m^3$）

$S_{d+,t}^G$ 代表煤气柜中煤气 G 超过煤气柜煤气含量最佳值的量（m^3）

W_{d-}^G 代表煤气柜中煤气 G 量超过煤气柜煤气含量最佳值的处罚权重（$yuan/m^3$）

$S_{d-,t}^G$ 代表煤气柜中煤气 G 超过煤气柜煤气含量最佳值的量（m^3）

W_{sw}^G 锅炉点火器开关变化的处罚权重（$yuan/switching$）

$\Delta n_{i,t}^G$ 代表 t–1 到 t 周期各个锅炉中所有点火器的开关变化数量

W^{2S} 代表同一锅炉中气体 G 两个点火器同时开关转换处罚权重（$yuan/switching$）

$ibn_{2,i,t}^{G+}$ 为二进制变量 $\begin{cases} 1\ \text{代表 t 周期锅炉 i 煤气 G 的两个点火器} \\ \quad\text{同时打开} \\ 0\ \text{代表其他情况} \end{cases}$

$ibn_{2,i,t}^{G-}$ 为二进制变量 $\begin{cases} 1\ \text{代表 t 周期锅炉 i 煤气 G 的两个点火器} \\ \quad\text{同时关闭} \\ 0\ \text{代表其他情况} \end{cases}$

W^{3S} 代表同一锅炉中气体 G 三个燃烧器开关同时转换处罚权重（$yuan/switching$）

$ibn_{3,i,t}^{G+}$ 为二进制变量 $\begin{cases} 1\ \text{代表 t 周期锅炉 i 煤气 G 的三个点火器} \\ \quad\text{同时打开} \\ 0\ \text{代表其他情况} \end{cases}$

$ibn_{3,i,t}^{G-}$ 为二进制变量 $\left\{\begin{array}{l} 1\text{ 代表 t 周期锅炉 i 煤气 G 的三个点火器} \\ \text{同时关闭} \\ 0\text{ 代表其他情况} \end{array}\right\}$

C^{elec} 代表电力的单位价格（yuan/kWh）

E_t 代表产生总蒸汽量（kWh）

E_{Dem} 代表过程蒸汽需求（kWh）

其中目标函数的第一项代表锅炉消耗的外购石油燃料的费用。第二项代表既可以用副产煤气也可以采用煤粉作为燃料的设备外购煤粉的费用。从第三项到第七项为副产煤气柜中副产煤气量的波动产生的惩罚费用。如图 6-3 所示，本书将副产煤气柜中副产煤气量分成五个区域（每个区域的处罚权重采用分段函数，如图 6-4 所示）：第一个区域是当副产煤气量超过副产煤气柜最大容量 GH_{HH}^G，副产煤气将会发生放散，此时处罚权重为 W_{HH}^G；第二个区域是当副产煤气量超过副产煤气正常波动范围最大值 GH_H^G 而小于副产煤气柜最大容量 GH_{HH}^G，此时处罚权重为 W_H^G；第三个区域是当副产煤气量小于副产煤气正常波动最小值 GH_L^G 而大于副产煤气柜最小煤气量 GH_{LL}^G，此时的处罚权重为 W_L^G；第四个区域是当副产煤气量大于煤气柜最佳煤气量 GH_N^H 而小于副产煤气正常波动范围最大值 GH_H^G，此时处罚权重为 W_{d+}^G；第五个区域是当副产煤气量小于煤气柜最佳煤气量 GH_N^G 而大于副产煤气正常波动范围最小值 CH_L^G，此时处罚权重为 W_{d-}^G。目标函数第三项到第七项分别为第一区域到第五个区域产生的费用。目标函数第八项和第九项是和锅炉操作相关所产生的费用。第八项代表前后两个周期锅炉所有点火器开关变化产生的惩罚费用。第九项表示同一个锅炉中某种煤气的两个或两个以上的点火器同时开关变化时产生的惩罚费用。第十项是热力厂产生的电力的利润。

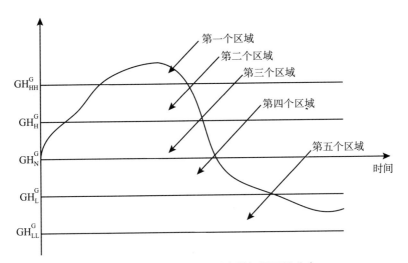

图 6-3 副产煤气柜中副产煤气量区域分布

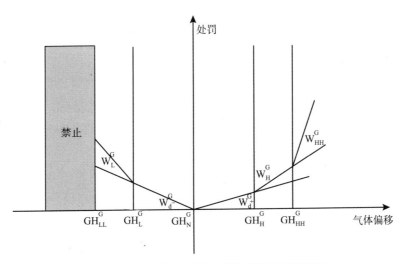

图 6-4 副产煤气柜中副产煤气量偏移惩罚权重

6.4.4 约束条件

1. 物料平衡约束

图 6-5 是在优化目标系统中，副产煤气的简化工艺流程图。对

于系统中的每一个操作单元，必须保证其物料平衡。式（6-2）表示副产煤气的物料平衡。对于副产煤气柜，在 Δt 时间内，煤气柜中气体的变化量（$V_{G,t} - V_{G,t-1}$）应该等于流入煤气柜的气体量减去从煤气柜中流入锅炉的气体量。其中 t 周期内产生的副产煤气量 $F_{G,gen,t}$，是通过第四章副产煤气产生预测模型计算得到。只能用副产煤气作为燃料的生产设备所消耗的副产煤气总量 $F_{G,conl,t}$，是通过第五章副产煤气消耗预测模型计算得到。

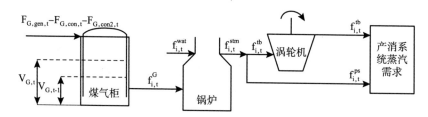

图6-5　副产煤气系统物料平衡图

公式（6-3）表示进入产消系统第一类用户中的煤气量应该等于其中每一个用户消耗的煤气量之和。式（6-4）代表锅炉设备使用的煤气量的物料守恒。式（6-5）表示锅炉中产生的蒸汽流量等于进入涡轮机的流量和过程蒸汽需求量之和。

$$V_{G,t} = V_{G,t-1} + (F_{G,gen,t} - F_{G,conl,t} - F_{G,con2,t})\Delta t - \frac{B}{i}f_{i,t}^{G} \qquad (6-2)$$

$$F_{G,con2,t} = \sum_{i=1}^{kx} f_{COG,i,t} + \sum_{i=1}^{ky} f_{LDG,i,t} + \sum_{i=1}^{kz} f_{BFG,i,t}$$

$$+ \sum_{q=1}^{m} (f_{q,t}^{BFG} + f_{q,t}^{COG} + f_{q,t}^{LDG}) \qquad (6-3)$$

$$f_{i,t}^{G} = M_{i}^{G}(n_{i,t}^{G} - n_{i,t-1}^{G})\Delta t \qquad (6-4)$$

$$f_{i,t}^{stm} = f_{i,t}^{ps} + f_{i,t}^{tb} \qquad (6-5)$$

$V_{G,t}$代表时间 t 周期中副产煤气柜中副产煤气的量（m^3）；

$V_{G,t-1}$代表时间 t-1 周期副产煤气柜中副产煤气的量（m^3）；

$F_{G,gen,t}$代表 t 周期内产生的副产煤气量（m^3/h）；

$F_{G,con1,t}$代表只能用副产煤气作为燃料的生产设备所消耗的副产煤气总量（m^3）；

$F_{G,con2,t}$代表既可以用副产煤气也可以外购煤粉作为燃料的生产设备所消耗的副产煤气的总量（m^3）；

$f_{i,t}^{c}$代表从 t－1 周期到 t 周期，锅炉 i 中消耗的副产煤气的量（m^3）；

$f_{COG,i,t}$代表进入既可以用煤粉也可以用焦炉煤气作为燃料的用户消耗的焦炉煤气量（m^3）；

$f_{LDG,i,t}$代表进入既可以用煤粉也可以用转炉煤气作为燃料的用户消耗的转炉煤气量（m^3）；

$f_{BFG,i,t}$代表进入既可以用煤粉也可以用高炉煤气作为燃料的用户消耗的高炉煤气量（m^3）；

$f_{q,t}^{BFG}$代表进入混合煤气的高炉煤气量（m^3）；

$f_{q,t}^{COG}$代表进入混合煤气的焦炉煤气量（m^3）；

$f_{q,t}^{LDG}$代表进入混合煤气的转炉煤气量（m^3）；

M_i^G代表锅炉 i 中副产煤气 G 点火器的单位负荷该变量（m^3/h）；

$n_{i,t}^G$代表 t 周期锅炉 i 工作的点火器的数量；

$n_{i,t-1}^G$代表 t－1 周期锅炉 i 工作的点火器的数量；

$f_{i,t}^{stm}$代表 t 周期锅炉 i 产生的蒸汽流速（t/h）；

$f_{i,t}^{ps}$代表 t 周期锅炉 i 产生的过程蒸汽的流速（t/h）；

$f_{i,t}^{tb}$代表 t 周期锅炉 i 产生的用于涡轮机发电的蒸汽流速（t/h）。

2. 能量守恒约束

在满足物料守恒的同时，根据能量守恒定律，系统和每个操作设备的能量也必须守恒。假设既可以以副产煤气为燃料也可以以煤粉为燃料的设备的效率在 P 周期内是恒定的，那么关于这些设备的能量守恒约束可以被定义为式（6－6）、式（6－7）和式（6－8）：

$$\sum_{i=1}^{kx} f_{COG,i,t} H_P^{COG} + \sum_{i=1}^{kx} f_{COG,i,t}^{coal} H_P^{coal} = \sum_{i=1}^{kx} \frac{Q_{i,t}^{COG}}{\eta_i^{COG}} \qquad (6-6)$$

$$\sum_{i=1}^{ky} f_{LDG,i,t} H_P^{LDG} + \sum_{i=1}^{ky} f_{LDG,i,t}^{coal} H_P^{coal} = \sum_{i=1}^{ky} \frac{Q_{i,t}^{LDG}}{\eta_i^{LDG}} \qquad (6-7)$$

$$\sum_{i=1}^{kz} f_{BFG,i,t} H_P^{BFG} + \sum_{i=1}^{kz} f_{BFG,i,t}^{coal} H_P^{coal} = \sum_{i=1}^{kz} \frac{Q_{i,t}^{BFG}}{\eta_i^{BFG}} \qquad (6-8)$$

H_P^{COG} 代表焦炉煤气的热值（kJ/m^3）；

H_P^{coal} 代表煤粉的热值（kJ/m^3）；

$Q_{i,t}^{COG}$ 代表 t 周期既可以使用焦炉煤气又可以使用煤粉的设备 i 所需热量（kJ/m^3）；

η_i^{COG} 代表 t 周期既可以使用焦炉煤气又可以使用煤粉的设备 i 的效率；

H_P^{LDG} 代表转炉煤气的热值（kJ/m^3）；

$Q_{i,t}^{LDG}$ 代表 t 周期既可以使用转炉煤气又可以使用煤粉的设备 i 所需热量（kJ/m^3）；

η_i^{LDG} 代表 t 周期既可以使用转炉煤气又可以使用煤粉的设备 i 的效率；

H_P^{BFG} 代表高炉煤气的热值（kJ/m^3）；

$Q_{i,t}^{BFG}$ 代表 t 周期既可以使用高炉煤气又可以使用煤粉的设备 i 所需热量（kJ/m^3）；

η_i^{BFG} 代表 t 周期既可以使用高炉煤气又可以使用煤粉的设备 i 的效率。

同理，假设每个锅炉和涡轮机的效率在 P 周期内是恒定的。那么，能量守恒约束可以被定义为式（6-9）和（6-10）：

$$\sum_{G} f_{i,t}^{G} H_P^{G} + f_{i,t}^{Oil} H_p^{oil} = \frac{H_{i,t}^{stm} f_{i,t}^{stm} - H_{i,t}^{wat} f_{i,t}^{wat}}{\eta_i^b} \qquad (6-9)$$

$$pw_{gen,j,t} = f_{i,t}^{tb} H_{i,t}^{stm} \eta_j^{tb} \qquad (6-10)$$

H_P^{G} 代表副产煤气 G 的热值（kJ/m^3）；

$f_{i,t}^{Oil}$ 代表 t 周期锅炉 i 使用石油燃料的量（m^3）；

H_P^{Oil} 代表石油燃料的热值（kJ/m^3）；

$H_{i,t}^{stm}$ 代表 t 周期锅炉 i 产生的蒸汽的焓（kJ/m^3）；

$f_{i,t}^{stm}$ 代表 t 周期锅炉 i 产生的蒸汽的量（m^3）；

$H_{i,t}^{wat}$ 代表 t 周期锅炉 i 消耗的水的焓（kJ/m^3）；

$f_{i,t}^{wat}$ 代表 t 周期锅炉 i 消耗的水的量（m^3）；

η_i^b 代表锅炉 i 的效率；

$pw_{gen,j,t}$ 代表 t 周期涡轮机 j 产生的电力（MWh）；

η_j^{tb} 代表涡轮机 j 的效率。

3. 设备操作条件约束

对于既可以用副产煤气为燃料也可以用煤粉为燃料的设备，都有自己的工作范围要求。假设 kx 个这类用户使用焦炉煤气，有 ky 个这类用户使用转炉煤气，有 kz 个这类用户使用高炉煤气，则在 t 周期内进入设备的每种副产煤气的量需要满足设备对副产煤气量的要求，如式（6-11）、式（6-12）和式（6-13）所示。

$$\sum_{i=1}^{kx} F_i^{Min,COG} \leqslant f_{COG} \leqslant \sum_{i=1}^{kx} F_i^{Max,COG} \qquad (6-11)$$

$$\sum_{i=1}^{ky} F_i^{Min,LDG} \leqslant f_{LDG} \leqslant \sum_{i=1}^{ky} F_i^{Max,LDG} \qquad (6-12)$$

$$\sum_{i=1}^{kz} F_i^{Min,BFG} \leqslant f_{BFG} \leqslant \sum_{i=1}^{kz} F_i^{Max,BFG} \qquad (6-13)$$

$F_{i,t}^{Min,COG}$ 代表 t 周期进入设备 i 的最小焦炉煤气量（m^3）；

$F_{i,t}^{Max,COG}$ 代表 t 周期进入设备 i 的最大焦炉煤气量（m^3）；

$F_{i,t}^{Min,LDG}$ 代表 t 周期进入设备 i 的最小转炉煤气量（m^3）；

$F_{i,t}^{Max,LDG}$ 代表 t 周期进入设备 i 的最大转炉煤气量（m^3）；

$F_{i,t}^{Min,BFG}$ 代表 t 周期进入设备 i 的最小高炉煤气量（m^3）；

$F_{i,t}^{Max,BFG}$ 代表 t 周期进入设备 i 的最大高炉煤气量（m^3）。

同理，进入这类设备煤粉的量同样要满足设备的工作范围要求，具体如式（6-14）所示。

$$\sum_{i=1}^{x+y+z} F_i^{Min,Coal} \leqslant f_{Coal} \leqslant \sum_{i=1}^{x+y+z} F_i^{Max,Coal} \qquad (6-14)$$

$\sum_{i=1}^{x+y+z} F_i^{Min,Coal}$ 代表 t 周期进入设备 i 的最小煤粉量（m^3）；

$\sum_{i=1}^{x+y+z} F_i^{Max,Coal}$ 代表 t 周期进入设备 i 的最大煤粉量（m^3）。

对于锅炉产生的蒸汽量也要满足设备要求，具体如式（6-15）所示。同样进入涡轮机和生产系统的蒸汽量也都有严格的工作范围，如式（6-16）和式（6-17）所示。此外，为了保证锅炉燃烧，对进入锅炉的副产煤气和石油的量也有范围要求，式（6-18）和（6-19）。

$$F_{i,t}^{Minstm} \leqslant f_{i,t}^{stm} \leqslant F_{i,t}^{Maxstm} \qquad (6-15)$$

$$F_{i,t}^{Mintb} \leqslant f_{i,t}^{tb} \leqslant F_{i,t}^{Maxtb} \qquad (6-16)$$

$$F_{i,t}^{Minps} \leqslant f_{i,t}^{ps} \leqslant F_{i,t}^{Maxps} \qquad (6-17)$$

$$F_{i,t}^{MinG} \leqslant f_{i,t}^{G} \leqslant F_{i,t}^{MaxG} \qquad (6-18)$$

$$F_{i,t}^{Minoil} \leqslant f_{i,t}^{oil} \leqslant F_{i,t}^{Maxoil} \qquad (6-19)$$

$F_{i,t}^{Minstm}$ 代表 t 周期锅炉 i 产生的最小蒸汽量（m^3）；

$F_{i,t}^{Maxstm}$ 代表 t 周期锅炉 i 产生的最大蒸汽量（m^3）；

$F_{i,t}^{Mintb}$ 代表 t 周期涡轮机 i 消耗的最小蒸汽量（m^3）；

$F_{i,t}^{Maxtb}$ 代表 t 周期涡轮机 i 消耗的最大蒸汽量（m^3）；

$F_{i,t}^{Minps}$ 代表 t 周期生产过程消耗蒸汽的最小量（m^3）；

$F_{i,t}^{Maxps}$ 代表 t 周期生产过程消耗蒸汽的最大量（m^3）；

$F_{i,t}^{MinG}$ 代表 t 周期锅炉 i 消耗的副产煤气最小量（m^3）；

$F_{i,t}^{MaxG}$ 代表 t 周期锅炉 i 消耗的副产煤气最大量（m^3）；

$F_{i,t}^{Minoil}$ 代表 t 周期锅炉 i 消耗的石油最小量（m^3）；

$F_{i,t}^{Maxoil}$ 代表 t 周期锅炉 i 消耗的石油最大量（m^3）。

4. 副产煤气柜操作范围约束

副产煤气柜需要满足工作要求，具体如式（6-20）、（6-21）

和（6-22）所示。其中在实际生产中，严禁副产煤气柜中没有气体，即要求副产煤气柜中煤气量要恒大于零。

$$GH_{LL}^G \leq V_t^G \leq GH_{HH}^G + S_{HH,t}^G \qquad (6-20)$$

$$V_t^G - GH_N^G = S_{d+,t}^G - S_{d-,t}^G \qquad (6-21)$$

$$S_{HH,t}^G, \ S_{d+,t}^G, \ S_{d-,t}^G \geq 0 \qquad (6-22)$$

GH_{LL}^G 代表气体 G 煤气柜容量下限（m^3）；

GH_{HH}^G 代表气体 G 煤气柜容量上限（m^3）；

$S_{HH,t}^G$ 代表 t 周期副产煤气柜中气体 G 放散量（m^3）；

$V_{G,t}$ 代表时间 t 周期中副产煤气柜中副产煤气的量（m^3）；

GH_N^G 代表气体 G 煤气柜正常容量（m^3）；

$S_{d+,t}^G$ 代表煤气柜中煤气 G 超过煤气柜煤气含量最佳值的量（m^3）；

$S_{d-,t}^G$ 代表煤气柜中煤气 G 超过煤气柜煤气含量最佳值的量（m^3）。

5. 其他相关约束条件

式（6-23）、式（6-24）、式（6-25）和式（6-26）表示锅炉开关转换的关系式。锅炉点火器的开关转换次数用 $\Delta n_{i,t}^G$ 表示，$sw_{i,t}^{G+}$ 和 $sw_{i,t}^{G-}$ 为中间变量，而 $ibn_{1,i,t}^{G+}$、$ibn_{2,i,t}^{G+}$ 和 $ibn_{3,i,t}^{G+}$ 属于二进制变量，当其等于 1 时，说明开关被打开；反之如果为 0，说明没有开关被打开。

$$\Delta n_{i,t}^G = n_{i,t}^G - n_{i,t-1}^G = sw_{i,t}^{G+} + sw_{i,t}^{G-} \qquad (6-23)$$

$$sw_{i,t}^{G+} = ibn_{1,i,t}^{G+} + ibn_{2,i,t}^{G+} + ibn_{3,i,t}^{G+} \qquad (6-24)$$

$$sw_{i,t}^{G-} = ibn_{1,i,t}^{G-} + ibn_{2,i,t}^{G-} + ibn_{3,i,t}^{G-} \qquad (6-25)$$

$$sw_{i,t}^{G+}, \ sw_{i,t}^{G-} \geq 0 \qquad (6-26)$$

$sw_{i,t}^{G+}$ 代表 t 周期锅炉 i 打开的点火器开关数量；

$sw_{i,t}^{G-}$ 代表 t 周期锅炉 i 关闭的点火器开关数量；

$ibn_{1,i,t}^{G+}$ 为二进制变量 $\left\{ \begin{array}{l} 1 \text{ 代表 t 周期锅炉 i 煤气 G 的一个点火器} \\ \quad \text{打开} \\ 0 \text{ 代表其他情况} \end{array} \right\}$；

$$ibn^{G^-}_{1,i,t} 为二进制变量 \left\{ \begin{array}{l} 1 \text{ 代表 t 周期锅炉 i 煤气 G 的一个点火器} \\ \text{关闭} \\ 0 \text{ 代表其他情况} \end{array} \right\}。$$

6.4.5 建模小结

本书通过前面章节对副产煤气系统流程和特点的分析，结合优化调度建模方法的比较，选择了混合整数线性规划（MILP）方法对副产煤气系统进行建模调度优化，最大限度的通过数学模型来模拟副产煤气系统。并根据系统各个组成部分的物料平衡、能量守恒以及各设备操作等相关条件来建立约束条件，以求解数学模型，得到优化调度结果。下面以我国 K 大型钢厂为实证，来进一步研究和考察优化调度模型。

6.5 实 证 分 析

在实证分析中，我们会将建立的优化调度模型应用于我国大型钢铁企业 K。K 企业年营业额达到 600 亿元人民币，年生产 500 万吨铁，500 万吨钢和 550 万吨材。企业有 8 座高炉、4 座焦炉和 5 座转炉；焦炉煤气柜、高炉煤气柜和转炉煤气柜各 1 座；3 个锅炉和 3 个涡轮机用于发电。该企业副产煤气系统如图 6 - 6 所示。其中图 6 - 6（a）、6 - 6（b）和 6 - 6（c）分别为焦炉煤气系统，高炉煤气系统和转炉煤气系统图。从图中，我们可以看出，焦炉、高炉和转炉分别产生焦炉煤气、高炉煤气和转炉煤气，煤气产生量我们在第 4 章通过时间序列方法进行了预测，得到即时的每个周期各种副产煤气的产生量；对于每种副产煤气来说，用户主要都分为三个部分：第一部分进入钢铁企业生产系统中，这部分用户包括单一使用副产煤气作为燃料的用户和既可以使用副产煤气也可以使用煤粉作为燃料的用户，其中单一使用副产煤气为燃料的用户副产煤气消耗量，我们已经在第 5 章进行了预测，而另一部分用户需要优化模型进行优化；第二部分进入混配站进行混配得到混配煤气，主要用于给混配煤气用户用做燃料，而这些用户也可以使用煤粉作为燃料，这部分用户使用混配煤气和煤粉的量，通过优化调度模型优化得到；第三部分进入副产煤气柜，然后进入锅炉中作为燃料。进入副产煤气柜中副产煤气的量，以及进入锅炉的副产煤气量都是通过优化调度模型优化得到。副产煤气消耗用户列表如图 6 - 7 所示。由此我们可以得出，经过优化调度模型优化后，可以得到各种副产煤气进入既可以用副产煤气也可以用煤粉为燃

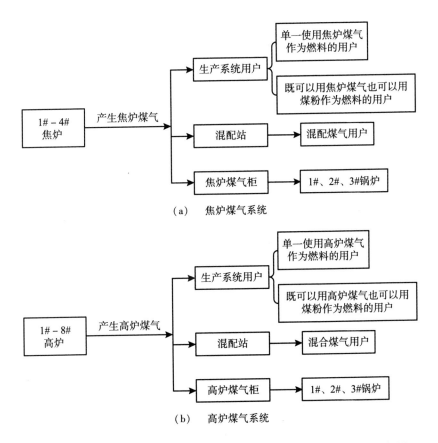

（a）　焦炉煤气系统

（b）　高炉煤气系统

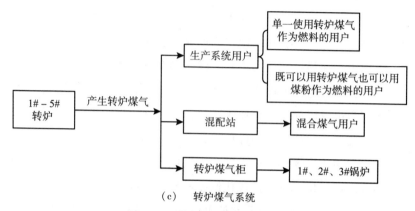

（c） 转炉煤气系统

图6-6 实证企业副产煤气系统

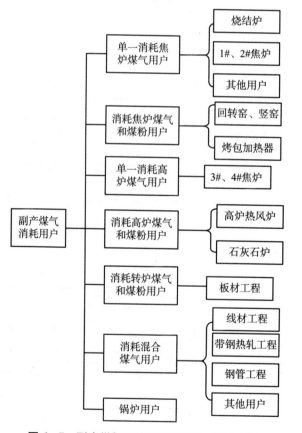

图6-7 副产煤气系统副产煤气消耗用户列表

料的用户的量、进入混配站的量、进入锅炉的量，以及各副产煤气柜中副产煤气的量以及外购燃料石油和煤粉的量，同时也可以得到锅炉操作条件（主要是点火器的开关情况）。通过以上变量和操作条件的选择，使得副产煤气系统生产成本最小化。

为了清楚和简单地描述整个优化过程，本书实证部分将会以随机选取的连续6个周期（每个周期时间为15分钟）为例，以此来代表各个时段副产煤气系统的情况，将优化调度模型用于副产煤气系统中，得到优化调度结果，以此来考察和分析优化调度模型。

输入数据如下：表6-2给出了焦炉煤气柜、高炉煤气柜和转炉煤气柜的存储能力以及在优化调度模型中涉及的五个区域的临界值；表6-3给出了每台锅炉和涡轮机的工作效率，而生产系统的各设备的效率假设按照0.85进行计算；表6-4给出了焦炉煤气、高炉煤气和转炉煤气在锅炉中消耗的范围；表6-5为各种副产煤气的热值；表6-6给出了目标函数中各个惩罚权重，其数值是通过与企业中能源管理相关部门讨论得到；表6-7是热力发电厂中各能源的单位费用；表6-8给出6个周期三种副产煤气的产生量，此数据来源于第4章三种副产煤气产生量的预测结果；表6-9给出了6个周期单一以一种煤气为燃料的用户副产煤气的消耗量，此数据来源于第5章三种副产煤气单一消耗用户消耗量的预测结果；图6-8给出了6个周期中的生产系统过程蒸汽和电力的需求。

表6-2　　　　　　　　　　　副产煤气柜容量

	焦炉煤气	高炉煤气	转炉煤气
GH_{LL}^{C} 煤气柜最低容量值（m^3）	60 000	50 000	40 000
GH_{L}^{C} 煤气柜正常波动下限值（m^3）	70 000	70 000	50 000
GH_{N}^{C} 煤气柜最佳存储值（m^3）	90 000	100 000	70 000
GH_{H}^{C} 煤气柜正常波动上限值（m^3）	110 000	130 000	90 000
GH_{HH}^{C} 煤气柜最高容量值（m^3）	120 000	150 000	100 000

表 6-3　　　　　　　　　　　锅炉和涡轮机的工作效率

	1 号	2 号	3 号
锅炉	0.8	0.85	0.83
涡轮机	0.82	0.8	0.83

表 6-4　　　　　　　　锅炉的副产煤气的允许消耗范围

	锅炉 1	锅炉 2	锅炉 3
焦炉煤气最大流量（m^3/h）	9 000	9 000	9 000
焦炉煤气最小流量（m^3/h）	0	0	0
高炉煤气最大流量（m^3/h）	90 000	90 000	90 000
高炉煤气最小流量（m^3/h）	0	0	0
转炉煤气最大流量（m^3/h）	4 800	4 800	4 800
转炉煤气最小流量（m^3/h）	0	0	0

表 6-5　　　　　　　　　　副产煤气的热值

	热值（MJ/m^3）
焦炉煤气	18
转炉煤气	8
高炉煤气	3

表 6-6　　　　　　　　目标函数中的惩罚费用权重

	惩罚权重（yuan）
副产煤气发生放散	500
大于副产煤气正常波动上限小于煤气柜最大容量	10
副产煤气柜中气体波动	1
小于副产煤气正常波动下限大于煤气柜最小容量	5
锅炉开关变化	400
同一锅炉中一种煤气的两个点火器同时开关	100
同一锅炉中一种煤气的三个点火器同时开关	200

表6-7　　　　　　　　　　　公用事业费用单价

	石油燃料（元/t）	电（元/kWh）	煤（元/t）
单价	3 000	1	500

表6-8　　　　　　　　各周期三种副产煤气产生量（km^3）

周期	焦炉煤气	高炉煤气	转炉煤气
1	16.1	133	11.4
2	15.3	140	13.2
3	16.0	139	9.7
4	15.6	139	7.5
5	15.9	140	10.8
6	15.5	136	9.3

表6-9　　　　　　　　单一煤气消耗用户消耗量（km^3）

周期	烧结炉（消耗焦炉煤气）	1#、2#焦炉（消耗焦炉煤气）	其他用户（消耗焦炉煤气）	3#、4#焦炉（消耗高炉煤气）
1	1.5	3.6	0.8	53.2
2	1.5	3.5	1.1	53.5
3	1.5	3.6	0.5	53.2
4	1.5	3.6	0.6	53.0
5	1.5	3.6	0.8	53.2
6	1.5	3.6	0.8	53.0

按照上述介绍的实证企业情况，根据优化调度模型对其副产煤气系统进行优化。优化结果如下：表6-10给出了6个周期内焦炉煤气钢铁生产系统和混配用户的分配；表6-11给出了6个周期内高炉煤气在钢铁生产系统和混配用户的分配；表6-12给出了6个周期内转炉煤气在钢铁生产系统和混配用户的分配；表6-13给出了6个周期内三种副产煤气在锅炉中的分配；图6-9是6个周期内锅炉点火器开关变化情况；图6-10是6个周期内三种副产煤气在煤气柜中的量。

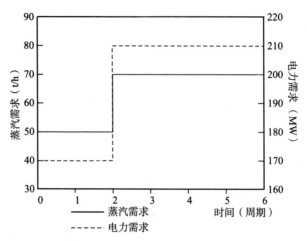

图6-8　各周期蒸汽和电力需求

表6-10　　　　焦炉煤气在钢铁生产系统的消耗分配（km³）

周期	回转窑、竖窑	烤包加热器	混合煤气
1	2.0	1.3	1.5
2	2.0	1.5	1.4
3	2.0	1.5	1.5
4	2.0	1.3	1.6
5	2.0	1.4	1.5
6	2.0	1.4	1.3

表6-11　　　　高炉煤气在钢铁生产系统的消耗分配（km³）

周期	石灰石炉	混合煤气
1	3.0	7.0
2	3.2	6.5
3	3.0	6.8
4	3.2	7.0
5	3.2	7.2
6	3.0	6.6

表 6 – 12　　　　　　转炉煤气在钢铁生产系统的消耗分配（km³）

周期	板材工程	混合煤气
1	2.0	6.7
2	2.0	7.3
3	2.0	5.5
4	2.0	5.8
5	2.0	5.1
6	2.0	7.5

表 6 – 13　　　　　　锅炉消耗三种副产煤气的量（km³）

周期	焦炉煤气	高炉煤气	转炉煤气
1	5.3	52.5	2.6
2	5.0	60	2.6
3	5.0	59	2.2
4	5.2	58	1.8
5	5.3	59	1.8
6	5.3	57	1.9

　　由优化结果我们可以看出，三种副产煤气在不同系统的分配比较平稳。其中从表 6 – 13 可以看出，焦炉煤气进入锅炉的量在 6 个周期内比较稳定；而高炉煤气在第二个周期进入锅炉的量有明显增加；转炉煤气分别在第三周期和第四周期进入锅炉的量明显减少。与其对应的，我们在图 6 – 9 中看出，在第二周期，2#锅炉新打开了一个高炉点火器；在第三和第四周期，1#锅炉和3#锅炉分别新关闭了一个转炉点火器。由图 6 – 10 可以看出在优化的 6 个周期内，三种副产煤气在各自的煤气柜中的量比较稳定。表 6 – 14 给出了优化前后的生产成本比较结果。从表中得到，优化前，发生了副产煤气的放散，需要使用外购燃料，副产煤气柜中副产煤气量的偏移成本比较高，锅炉的操作成本偏高；经过优化调度模型优化后，副产煤气没有发生放散，不需要外购燃料，副产煤气柜中气体偏移量成本较小，锅炉的操作成本较小。通过计算，优化前后对比可节约了 30% 的生产成本。

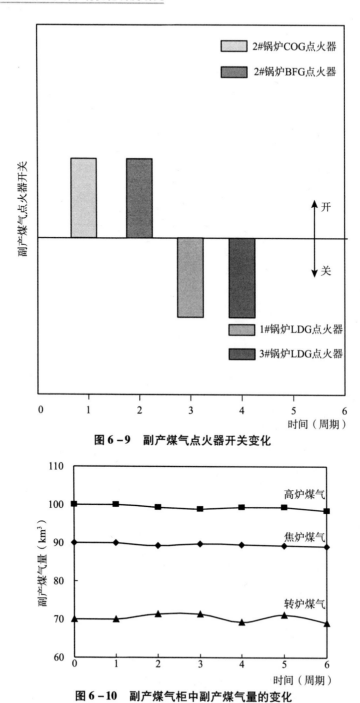

图 6-9　副产煤气点火器开关变化

图 6-10　副产煤气柜中副产煤气量的变化

表6-14　　　　　　优化前后副产煤气系统成本比较（元）

	工厂实际生产	优化模型
副产煤气放散处罚	1 000	0
煤气柜煤气量偏移处罚	8 455	6 795
购买燃料花费	600	0
锅炉开关转换处罚	4 000	3 200
更换燃料处罚	0	0
电力收入	-1 530	-1 290
总成本	12 525	8 705

6.6　本章小结

本章运用 MILP 模型对钢铁企业副产煤气进行多周期动态优化。从副产煤气整体系统考虑，建立了煤气分配优化模型，达到生产成本最小化。将煤气柜气体波动和锅炉开关转换带来的费用作为处罚成本，得到了副产煤气柜优化和锅炉煤气分配的最优权衡。在算例分析，本优化模型在 K 企业得到了很好的结果，与企业目前实际生产相比，副产煤气系统节约了30%的生产成本。

第7章

基于环境成本的副产煤气
系统绿色优化调度建模

7.1 引　　言

我国钢铁工业持续快速发展，取得了令人瞩目的成就，但也付出了巨大的资源和环境代价。能源短缺和环境污染的已经成为制约钢铁企业发展的关键因素[200,201]。一些学者认为，21世纪，环境问题将成为钢铁工业能否生存的仅次于成本的第二因素。因此，钢铁企业必须要逐步改变能源的生产和消费结构，以实现经济和社会的可持续发展[202-204]。

钢铁行业发展经历以下几个阶段：第一阶段注重产量，以提高产量来增加企业的利润；第二个阶段注重质量，通过提高技术水平和产品质量来降低企业成本；第三阶段注重能耗，通过降低能耗、减少资源浪费来降低企业成本；第四个阶段注重钢铁企业生态化，通过减少企业对环境的破坏来降低企业成本。

目前，大部分钢铁企业的发展仍处于第三阶段，而钢铁生态化是钢铁企业未来的发展趋势。所谓钢铁企业生态化，就是要将环境因素与钢铁企业的生产和能耗统一集成考虑。所以，钢铁企业生态化进程中的总成本不仅包括生产成本，而且要考虑环境成本。

基于此，本章在前续章节研究的基础上，进一步考虑环境成本对钢铁企业副产煤气系统的影响，建立了基于环境成本的钢铁企业副产煤气系统绿色优化调度模型。

7.2　环境成本预备知识

随着工业代谢速度的加快，大量废水废气废物随之产生。企业在环境法制的要求下必须通过对排放废物承担相应的责任，从而产生了企业制造成本以外的环境成本[205-208]。企业想有竞争力，就要保证两部分成本的综合最小化，实现利润最大化。目前关于环境成本的研究尚处于起步阶段，环境成本科学还是一门新兴的领域[209-212]。国内外的研究者从不同视角，分别对环境成本下了定义。

联合国国际会计和报告标准政府间专家组将环境成本定义为[213]：本着对环境负责的原则，为管理企业活动对环境造成的影响而采取或被要求采取的措施的成本，以及因企业执行环境目标和要求所付出的其他成本。

环境经济学家尤里（Yuri）[214]给出了环境成本的定义，他将环境成本成为经济过程中的环境投入，认为其是指同经济活动造成的自然资产有关的成本，表现为生产过程中利用自然环境付出的代价，反映了自然资产的经济适用价值。

经济学家罗伯森（Robson）[215]提出了工业活动中与环境保护相关的成本，将其定位为环境成本。根据罗伯森的定义，环境成本包括两方面的内容，一是消耗的环境资源，包括污染引发的环境质量下降和生态环境破坏带来的成本；二是由环境污染引发的非环境方面的损失，如大气污染所引起的人类健康损失等。

本书采用企业环境成本的狭义定义[216-218]，认为环境成本是以维护生态环境为目标，充分考虑生产过程对生态环境产生的影响，在生产过程排放的污染物参照国家环境标准带来的处罚成本[219-222]。研究环境成本的关键在于如何将其定量化，要找到合适的方法将生产过程对环境的影响定量化，将环境成本纳入生产总成本中。

7.3　钢铁企业副产煤气系统环境成本

在目前钢铁企业副产煤气系统总成本中，环境成本往往被忽视，这就造成了副产煤气系统总运行成本的低估[223-226]。把环境成本加入到副产煤气系统总成本中，这样不仅能得到系统对环境影响的真实客观的反映，也能督促钢铁企业的可持续发展，同时也担负起维护环境的社会职责[227,228]。同时，也利于政府部门了解企业在环境保护方面做出的成绩，便于环保部门对企业做出正确的评估。

7.3.1　副产煤气系统环境成本的构成

钢铁企业副产煤气系统一般包括钢铁生产过程所有需要加热的设备、锅炉、涡轮机、副产煤气柜等设备，主要对环境的影响就是副产煤气放散和各种燃料燃烧后排放的废气（包括 NO_x、CO_2、CO、SO_2 等）。具体来说，与钢铁企业副产煤气系统环境相关成本归纳为以下几项：

（1）当副产煤气直接发生放散时，会对环境造成影响，增加了企业的环境成本；

（2）副产煤气燃烧产生废气，对环境造成影响，增加环境成本；

（3）外购燃料（石油和煤粉）产生废气，对环境造成影响，增加环境成本；

（4）生产外购燃料过程中，会对环境造成影响，间接增加环境成本。

7.3.2　副产煤气系统环境成本的计算

根据环境成本的定义，环境成本[229-231]可以用式（7-1）表示：

$$C_{环} = \sum_j EV_j \times M_{emi,j} \qquad (7-1)$$

式中，EV_j 是污染物 j 的环境价值（¥/t）；

$M_{emi,j}$ 是其排放量（t）。

由式（7-1）可以看出，计算污染物 j 的环境成本，首先要计算其环境价值。目前对环境价值的计算没有统一的标准。虽然国家制定了统一的排污收费标准（PCS），但是排污收费标准并不等于，且远小于污染物环境价值[232]。据统计，中国每年由于废气环境污染造成的损失约为 2 000 亿元，但是每年的排污收费仅为 500 亿元，约为环境损失的 25%。也就是说，排污收费对污染损失的补偿度约为 25%。我们可以通过式（7-2）[233]，用排污收费来换算污染物的环境价值。

$$EV_j = F_j / \varphi \qquad (7-2)$$

式中，EV_j 是污染物 j 的环境价值；

F_j 是 j 的排污收费；

φ 是排污收费对环境价值的补偿度，取为 25%。

根据式（7-2）和我国对各种废气的排污收费标准，换算得到了各种污染物环境价值，具体如表 7-1 所示。

表 7-1　参照国家排污收费标准对污染物环境价值估算结果

污染物	排污收费标准（¥/t）	补偿度（%）	环境价值估算（¥/t）
SO_2	631.58	25	2 526.32
NO_x	631.58	25	2 526.32
CO	35.93	25	143.72

由表 7-1 可以看出，在我国污染物收费标准中，没有对 CO_2 气体的处罚。众所周知，CO_2 是主要的温室气体，造成全球变暖，对环境破坏显而易见。目前美国等国家对 CO_2 排放有明确的收费标准。将我国与美国的收费标准对比[234-237]，用公式（7-3）可以计算出 CO_2 相对于其他污染物的环境价值百分比，然后利用这个百分比计算

出 CO_2 在中国的环境价值，取其中间值作为本研究 CO_2 环境价值的估算值，估算结果见表 7-2。

$$EV_{CO_2} = mid\left\{EV_{j,CO_2} \middle| EV_{j,CO_2} = \frac{EV_{j,China}}{EV_{j,USA}} \times EV_{CO_2USA} \middle| j = SO_2，NO_x，CO\right\}$$

$$(7-3)$$

式中，EV_{CO_S} 为估算的我国 CO_2 的环境价值，¥/t；

$EV_{j,China}$ 为我国污染物 j 的环境价值，¥/t；

$EV_{j,USA}$ 为美国污染物 j 的环境价值，$/t；

$EV_{CO_2,USA}$ 为美国 CO_2 的环境价值，$/t，

mid 表示取中间值。

表 7-2　　借鉴美国污染物收费标准估算我国 CO_2 环境价值

污染物	$EV_{j,USA}$（$/t）	$EV_{j,China}/EV_{j,USA}$（%）	$EV_{j,China}$（¥/t）	中国 CO_2 环境价值估算（¥/t）
CO_2	24			
SO_2	1 938	1.24	2 526.32	31.33
NO_x	8 370	0.29	2 526.32	7.33
CO	837	2.87	143.72	4.12

由表 7-2 可以看出，本研究 CO_2 环境价值取 7.33 ¥/t。

7.4　基于环境成本副产煤气系统优化模型的建立

7.4.1　目标函数的建立

基于环境成本的副产煤气系统优化调度模型是指按照本书第 6 章优化建模的方法，将环境成本加入到总成本中，以生产成本和环境成

本构成的总成本最小化作为目标函数，采用混合整数线性规划法，对副产煤气系统进行优化，具体目标函数如式（7-4）所示。

$$Y = Min(C + C_e) \qquad (7-4)$$

式中，C 是副产煤气系统生产成本，即第 6 章优化的目标函数；C_e 是副产煤气系统环境成本，如式（7-5）所示。

副产煤气系统环境成本主要包括三个部分：一部分是副产煤气直接放散带来的环境成本，主要是三种副产煤气排放的污染物的处罚费用；一部分是副产煤气燃烧后产生的污染物排放的处罚费用；一部分是外购燃料（石油和煤粉）带来的环境成本，包括生产燃料过程中的环境成本和燃料燃烧后排放污染物的处罚费用。其中由于生产燃料过程中的环境成本计算比较复杂，本书假定这部分环境成本等于外购燃料燃烧后所排放污染物的处罚费用，具体如式（7-5）所示。

$$C_e = C_{e,emi} + C_{e,bur} + 2C_{e,buy} \qquad (7-5)$$

式中，$C_{e,emi}$ 代表副产煤气直接放散带来的环境成本；$C_{e,bur}$ 代表副产煤气燃烧后污染物带来的环境成本；$C_{e,buy}$ 代表外购燃料燃烧后污染物带来的环境成本。

1. $C_{e,emi}$ 的计算

副产煤气直接放散带来的环境成本 $C_{e,emi}$ 等于副产煤气中各种污染物的环境价值与排放污染物的质量的乘积，具体如式（7-6）所示。

$$C_{e,emi} = \sum_{t=1}^{P} \sum_{j} EV_j \times M_{emi,j} \qquad (7-6)$$

式中，EV_j 代表副产煤气中含有的污染物 i 的环境价值（¥/t）；$M_{emi,j}$ 代表放散副产煤气中含有污染物的质量（t）。

副产煤气放散带来的环境成本主要来自于它们所含的污染物，一般副产煤气组成用体积百分含量表示，则副产煤气污染物体积排放量用式（7-7）表示。

$$V_{emi,j} = \sum_{t=1}^{P} \sum_{G} \alpha_j^G \times S_{HH,t}^G \qquad (7-7)$$

式中，$V_{emi,j}$ 代表 P 个周期内，放散的副产煤气中污染物 j 的体积

排放量（m³）；

α_j^G 代表副产煤气 G 中污染物 j 的体积百分含量（%）；

$S_{HH,t}^G$ 代表 t 周期放散的副产煤气 G 的体积量（m³）；

再根据阿伏伽德罗定律（Avogadro's hypothesis），将污染物体积排放量换算成质量，具体如式（7-8）所示。

$$M_{emi,j} = \frac{V_{emi,j} \times M_j}{22.4 \times 10^6} \qquad (7-8)$$

式中，M_j 代表污染物 j 的分子量；

综上所述，副产煤气直接放散带来的环境成本 $C_{e,emi}$ 可以通过式（7-6）、式（7-7）和式（7-8）计算得到。

2. $C_{e,bur}$ 的计算

副产煤气燃烧后污染物带来的环境成本 $C_{e,bur}$ 计算公式如式（7-9）所示。

$$C_{e,bur} = \sum_{t=1}^{P} \sum_{j} EV_j \times M_{bur,j} \qquad (7-9)$$

式中，EV_j 代表副产煤气燃烧产生的污染物 i 的环境价值（¥/t）；

$M_{bur,j}$ 代表副产煤气燃烧后产生气体中污染物的质量（t）。

副产煤气燃烧后产生的污染物的体积百分含量要根据燃烧前后的物料平衡进行计算得到，具体如式（7-10）所示。

$$V_{bur,j} = \sum_{t=1}^{P} \sum_{G} \beta_j^G \times F_{bur,t}^G \qquad (7-10)$$

式中，β_j^G 代表副产煤气 G 燃烧后产生的污染物 j 的体积百分含量；

$F_{bur,t}^G$ 代表副产煤气 G 燃烧的体积量。

根据阿伏伽德罗定律（Avogadro's hypothesis），将污染物体积排放量换算成质量，具体如式（7-11）所示。

$$M_{bur,j} = \frac{V_{bur,j} \times M_j}{22.4 \times 10^6} \qquad (7-11)$$

副产煤气燃烧后产生的污染物带来的环境成本 $C_{e,bur}$ 可以通过式（7-9）、式（7-10）和式（7-11）计算得到。

（3）$C_{e,buy}$ 的计算

外购燃料燃烧后产生的污染物带来的环境成本 $C_{e,buy}$ 计算公式如式（7-12）所示。

$$C_{e,buy} = \sum_{t=1}^{P} \sum_{j} EV_j \times M_{buy,j} \qquad (7-12)$$

式中，EV_j 代表外购燃料燃烧产生的污染物 i 的环境价值（¥/t）；$M_{buy,j}$ 代表外购燃料燃烧后产生气体中污染物的质量（t）。

由于外购燃料石油和煤粉的组成成分比例是质量百分含量，所以不需要通过体积百分含量进行转换，可以直接求得 $M_{buy,j}$，具体如式（7-13）所示。

$$M_{bur,j} = \sum_{t=1}^{P} \frac{\theta_j^{o\&c} \times M_{buy,t}^{o\&c} \times M_j}{M_j'} \qquad (7-13)$$

式中，$\theta_j^{O\&C}$ 代表燃料燃烧前后物料平衡计算得到污染物质量百分含量（%）；

$M_{buy,t}^{O\&C}$ 代表消耗的外购燃料的质量（t）；

M_j 代表污染物 j 的分子量；

M_j' 代表燃料中含有的污染物元素 C、N、S 的原子量。

外购燃料燃烧后产生的污染物带来的环境成本 $C_{e,buy}$ 可以通过式（7-12）和式（7-13）计算得到。

7.4.2　约束条件

约束条件除了第 6 章的关于生产成本约束条件以外，还应该保证某种污染物的排放量小于或者等于国家对其允许排放量，如式（7-14）所示。

$$F_{emi,j} \leqslant LEM_j \qquad (7-14)$$

式中，$F_{emi,j}$ 为污染物 i 的排放量，t/h

LEM_j 为污染物 i 的允许排放量，t/h

7.5 实证分析

仍然选取我国 K 企业作为实证对象，对其副产煤气系统进行基于环境成本的优化建模。优化调度模型中生产成本部分输入数据与第 6 章完全一样，这里不再重复介绍，下面针对环境成本部分进行分析。

根据前面介绍，副产煤气和外购燃料的组成成分对于环境成本的计算十分重要。表 7-3 列出了三种副产煤气各自组成成分的体积含量；表 7-4 给出外购燃料石油和煤粉各自组成元素的质量含量。

表7-3　　　三种副产煤气的主要组成成分（体积百分含量%）

煤气种类	甲烷（CH_4）	氢气（H_2）	一氧化碳（CO）	二氧化碳（CO_2）	氮气（N_2）
焦炉煤气	23	60	7	3	7
转炉煤气	—	—	70	20	10
高炉煤气	—	2	30	10	58

表7-4　　　石油和煤粉的主要组成成分（质量百分含量%）

外见燃料	碳（C）	氢（H）	硫（S）	氮（N）	其他
石油	85	12	0.8	1.2	1
煤粉	90	—	5	—	5

由表 7-3 可以得到如下结论：三种副产煤气自身含有的污染物均为 CO 和 CO_2，因此，当副产煤气发生放散时，处罚成本包括 CO 和 CO_2 排放的处罚；由于氮气和氧气要在很极端严格的反应条件下才能生成 NO_x，所以本书研究假定三种副产煤气燃烧后不生成 NO_x，而产生污染物主要为 CO_2；外购燃料石油燃烧后污染物为 CO_2、NO_x

和 SO_2，煤粉燃烧后产生的污染物为 CO_2 和 SO_2，且对于该企业现有的脱硫设备，烟气的脱硫效率达到 95%。为了计算方便，本书假定石油中的 N 元素有 1/2 燃烧后生成 NO，1/2 燃烧后生成 NO_2。由此，我们可以分别计算出 $C_{e,emi}$、$C_{e,bur}$ 和 $C_{e,buy}$，具体计算结果如下：

$$C_{e,emi} = C_{e,emi,co} + C_{e,emi,co_2}$$

$$= \sum_{t=1}^{p} \left[143.72 \times \frac{(0.07 \times S_{HH,t}^{COG} + 0.7 \times S_{HH,t}^{LDG} + 0.3 \times S_{HH,t}^{BFG})}{22.4 \times 10^6} \times 28 \right.$$

$$\left. + 7.33 \times \frac{(0.03 \times S_{HH,t}^{COG} + 0.2 \times S_{HH,t}^{LDG} + 0.1 \times S_{HH,t}^{BFG})}{22.4 \times 10^6} \times 44 \right]$$

$$(7-15)$$

$$C_{e,bur} = C_{e,bur,CO_2}$$

$$= \sum_{t=1}^{p} \left[7.33 \times \frac{(0.33 \times F_{bur,t}^{COG} + 0.9 \times F_{bur,t}^{LDG} + 0.4 \times F_{bur,t}^{BFG})}{22.4 \times 10^6} \times 44 \right]$$

$$(7-16)$$

$$C_{e,buy} = + C_{e,buy,CO_2} + C_{e,buy,NO_x} + C_{e,buy,SO_2}$$

$$= \sum_{t=1}^{p} \left[7.33 \times \frac{(0.85 \times M_{buy,t}^{oil} + 0.9 \times M_{bur,t}^{coal})}{12} \times 44 \right.$$

$$+ 2\,526.32 \times \frac{0.012 \times M_{buy,t}^{oil}}{14} \times 38$$

$$\left. + 2\,526.32 \times \frac{(0.008 \times M_{buy,t}^{oil} + 0.05 \times M_{bur,t}^{coal})}{32} \times 64 \times 0.05 \right]$$

$$(7-17)$$

　　由式（7-15）、式（7-16）和式（7-17）可以看出，环境成本是三种副产煤气放散量、三种副产煤气和外购燃料的消耗量的函数。而这些变量也是第 6 章介绍的生产成本中需要优化的量。

　　根据上面介绍，本书采用 Lingo 软件对基于环境成本的钢铁副产煤气优化调度模型进行计算。为了与第 6 章优化结果进行对比，优化范围仍然采用第 6 章选择的 6 个周期，具体优化结果如表 7-5 所示。由表 7-5 我们可以看出，与之前的模型相比，当考虑环境成本因素后，优化结果发生变化：副产煤气的偏移惩罚成本略有增加；锅炉点火器操作成本也有所增加；但是由于环境成本大幅度降低，导致总成本降低了 1.3% 。由此我们可以看出，当我们考虑环境成本后，虽然生产成本有所增加，但是总成本有所降低。

表 7 - 5　　　　考虑环境成本前后副产煤气系统总成本比较　　　　单位：元

	之前模型	基于环境成本优化模型
副产煤气放散处罚	0	0
煤气柜煤气量偏移处罚	6 795	7 060
购买燃料花费	0	0
锅炉开关转换处罚	3 200	3 600
电力收入	-1 290	-1 250
环境成本	6 337	5 429
总成本	15 042	14 839

7.6　本章小结

　　本章在前续章节研究的基础上，建立了基于环境成本的钢铁企业副产煤气系统绿色优化调度模型。模型将环境成本作为钢铁企业副产煤气系统总成本的一部分，充分考虑了副产煤气的放散、燃烧排放和外购燃料燃烧排放给副产煤气系统带来的环境成本处罚。将基于环境成本的副产煤气系统绿色优化调度模型应用于 K 企业实际生产中并与第 6 章的优化调度模型相比，虽然生产成本略有提高，但是环境成本大幅度降低，使得总成本节约了 1.3% 。

第8章

结　　论

8.1　研　究　总　结

钢铁企业是能源密集型产业，是我国的耗能大户。其中副产煤气是重要的二次能源，占钢铁企业总能源消耗的 30%，因此对副产煤气系统的优化调度是钢铁企业节能降耗的重要突破口。然而，目前学术界和工程界对钢铁企业副产煤气系统优化调度的研究和应用却并不多见。为此，本书以钢铁企业副产煤气整体系统为研究对象，针对副产煤气优化调度中存在的问题，在对实际系统进行深入调研和细致分析的基础上，充分学习借鉴国内外现有本领域和相关领域的科研成果，通过工厂实地调研、理论研究和实证分析，综合应用运筹学、工业工程、系统分析和统计学的相关理论知识，就副产煤气的产生和消耗的建模预测和优化调度问题展开系统研究，建立了基于环境成本的钢铁企业副产煤气系统绿色优化调度模型，实现副产煤气整体系统的优化调度。并将所建立的模型应用于我国 K 钢铁企业，使总成本有了大幅度降低。本书在理论、模型和应用三个方面都取得了一定的进展，取得的主要研究成果如下：

（1）在对钢铁企业副产煤气工艺流程深入研究、详细分析的基础上，提出了适用于钢铁企业副产煤气系统优化调度的"三系统两层面"框架。将与副产煤气相关的所有用户划分为三个相互关联的子系统，并将其中的一类作为待预测的对象，另一类作为待优化的对象。这种"三系统"的划分，准确合理明确了待优化系统的范围，避免了由于预设优化范围过小而导致得到非全局最优调度。同时，在确立优化目标函数的时候，从显性成本和隐性成本两方面综合考虑，使建立的模型更精确。

（2）建立了副产煤气产生量的预测模型。在对三种副产煤气发生机理其影响因素进行分析的基础上发现，每种副产煤气的产生量均与生产过程中的若干不确定因素相关，且目前很难全面准确地找到这些因素。同时，这些相关数据的实时获得也很困难。鉴于此，用时间序列模型对其产生量进行建模预测，得到较高的拟合度和较小的误差。将副产煤气的产生量作为优化系统的输入值。

（3）对于产消系统中单一消耗某种煤气的用户，建立其煤气消耗量的预测模型。根据消耗煤气用户的不同性质和不同特点，将其分为四大类。对于第一类用户，即煤气消耗量波动很小的用户，采用指数平滑法对其进行建模。对于第二类用户，它们的煤气消耗量和一些因素呈某种显性关系，采用线性回归方法对其进行建模。对于第三类用户，可以找到和其煤气消耗量相关的若干因素，这些因素和消耗量之间没有明显的关系，对于这种用户采用神经网络进行建模。对于第四类用户，即居民及其他小型零散用户。影响其煤气消耗量的因素众多、关系复杂，且每个用户的煤气消耗量相对较小，只需要考察这些用户消耗煤气量的总和。因此采用时间序列分析对其总消耗量进行预测。将副产煤气消耗量作为优化系统的输出值。

（4）通过预测模型的建立，可以高精度地预测优化系统的输入值和输出值。在此基础上，建立了整个系统进行动态优化调度模型。选取副产煤气系统生产成本最小化为目标函数，充分考虑影响副产煤气系统显性成本和隐性成本的所有影响因素，包括外购燃料成本、副产煤气的放散成本、副产煤气柜煤气量波动成本以及锅炉操作成本等，采用混合整数线性规划模型建模，对副产煤气系统进行优化。

（5）在我国大力提倡可持续发展、循环经济的形势下，鉴于钢铁企业副产煤气对环境污染严重的问题，将"环境成本"的概念引入钢铁企业副产煤气系统总成本中，充分考虑了副产煤气的放散、燃烧排放和外购燃料燃烧排放给副产煤气系统带来的环境成本处罚，建立了基于环境成本的钢铁企业副产煤气系统绿色优化调度模型，为钢铁行业走绿色可持续发展的道路提供了一定的指导。

（6）在上述理论研究、模型建立的基础上，本书基于大量的统计数据和资料，并经过多次实地调研，选取我国 K 钢铁企业为对象进行实证研究，构建了 K 钢铁企业副产煤气系统的煤气产生量预测模型、消耗量预测模型和基于环境成本的优化调度模型。通过建模，使 K 企业的副产煤气系统的总成本得到了大幅度下降，证明了本书所建模型的可行性和可靠性。

总体来说，本书的研究内容不仅在学术上有一定的价值，而且对我国钢铁企业副产煤气系统的优化调度问题有一定的指导作用。

8.2　研究展望

对于钢铁企业副产煤气系统的研究，目前还处于一个起步阶段，很多理论和应用还需要逐渐探索、完善。本研究也仅仅处于探索阶段，不可避免地存在一些待改进之处。在目前我国大力提倡节能降耗、可持续发展的形势下，对钢铁企业副产煤气系统优化调度的研究有很大的研究空间，也有很多方向亟待研究和解决。

（1）本研究在建立钢铁企业副产煤气优化调度的模型之前，对系统作了一些合理假设，便于模型的求解。比如假设热力厂中的锅炉和涡轮机的工作效率恒定，因此模型的约束条件可以简化为线性函数。那么实际生产中，如何用适当的非线性函数表达这些设备的效率，使函数既能接近于现实设备的工作状况，又能尽量保证求解的可行性和最优解，是未来研究要考虑的一个问题。这些非线性项的添加，会将建立的 MILP 模型转化为混合整数非线性规划（MINLP）模型，而非线性模型的求解也是相应要解决的主要问题之一。目前关于 MINLP 问题的求解，是国内外研究的难点和热点。一些新生的如粒子群算法、遗传算法、支持向量机算法等都有各自的优缺点和适用性，所以寻找一个可行的方法求解副产煤气系统的 MINLP 问题，是今后钢铁企业副产煤气优化调度领域一个要解决的问题。

（2）钢铁企业副产煤气系统之所以复杂，就是因为实际生产过程中会有一些突发性事件的出现，有很多不确定因素，比如设备突然停风、检修等。本书的副产煤气产生和消耗的预测模型的建立，是考虑在企业正常生产或者提前制定出检修计划的前提下进行的。随着今后新的预测方法的出现和应用的推广，能否找到一个更准确的预测方法对复杂生产环境下的煤气产生量和消耗量进行建模，也是值得思考的。

（3）目前和未来的科技进步使得三种副产煤气有了广阔的再利用前景，比如焦炉煤气制甲醇项目，转炉煤气制合成氨项目的开发等。在生产工艺上的科技进步和对副产煤气的优化调度是综合利用副产煤气的两个研究方向，是并驾齐驱的。科技的进步使副产煤气除了可以用作燃料燃烧之外，有了新的利用方向。这也会相应地改变优化调度模型的建立。在副产煤气优化调度建模中，就要考虑增加或删减新的目标函数和约束条件。

（4）本研究针对钢铁企业的整个副产煤气系统进行优化调度，而钢铁企业的能源系统还包括其他能源，比如水和电力。如果以企业整体能源系统为研究对象，即把优化的目标扩大到包含煤气、水和电力的整体系统进行优化，达到整个能源系统的生产成本最小化，将会更进一步提高能源效率。这无疑是今后一个可以进行研究的很好的方向。

（5）综合考虑生产计划的钢铁企业能源调度问题非常复杂。目前已经有很多学者对钢铁企业的生产计划的调度进行了研究，但是这些研究只是考虑了生产计划，忽略了能源管理。我们在系统解决方案实施过程中，假设生产计划是确定的，是从能源管理的角度出发。事实上，副产煤气是生产过程中产生的二次能源，二者有密切的关联。前人和本书的研究分别对这两种系统进行优化研究将会使钢铁企业的运行得到局部最优化状态。综合考虑能源管理系统和生产系统的调度问题会更加细化，考虑更多的因素，问题规模进一步扩大，建模与求解更为复杂。因此，如何利用现有的生产调度研究成果和本书的研究结果，建立钢铁企业生产系统和能量系统的集成优化调度会是一个充满挑战性但非常有意义的研究方向。

参 考 文 献

［1］BP 能源统计年鉴 2015.

［2］21 世纪经济报道.

［3］黄陆军. 钢铁企业应用先进节能技术的思考. 河南冶金, 2008, 10, 12 (5): 1, 19 –20.

［4］中国金属新闻网. 国内外钢铁企业能耗及环保指标比较研究, http: //www. metalnews. cn/gt/show – 35474 – 1. html.

［5］中国矿业网. 2009 年钢铁企业能耗降低技术分析, http: //www. chinamining. com. cn/news/listnews. asp? siteid = 233542&ClassId = 154.

［6］张春霞, 齐渊洪, 严定鎏等. 中国炼铁系统的节能与环境保护. 钢铁, 2006, 41 (11): 1 –5.

［7］傅兵. 利用钢厂副产煤气资源发展一碳化工. 酒钢科技, 2006, 4: 138 –41.

［8］张明新, 刘日新. 蓄热燃烧技术及其在冶金工业炉中的应用. 节能, 2000, (7): 18 –20.

［9］侯长连, 胡和平, 董为民等. 高效蓄热式工业炉的开发和应用. 钢铁, 2002, 37 (1): 65 –68.

［10］中国钢铁新闻网. 2008 年中国钢铁工业能源利用状况述评, http: //www. csteelnews. com/101392/101430/50641. html.

［11］油气通信网. 中国钢铁工业能耗现状与节能前景, http: //www. infopetro. com. cn/dissertation/view. asp? id =4177&cid =23.

［12］ 杨晓，张玲. 钢铁工业能源消耗而二次能源利用途径及对策. 钢铁，2000，35（20）：64 –67.

［13］ 符小林. 焦炉气制取甲醇项目开发方案：［硕士学位论文］. 四川；四川大学，2006.

［14］ 王太炎. 焦炉煤气开发利用的问题与途径. 燃料与化工，2004，35（6）：1 –3.

［15］ 张琦，蔡九菊，杜涛. 钢铁联合企业煤气系统优化利用. 冶金能源，2005，（5）：9 –16.

［16］ 李新，王立新，许志宏. 钢铁厂煤气化工利用途径的探讨. 计算机与应用化学，2001，18（1）：59 –63.

［17］ 陈志斌. 国内转炉煤气回收利用技术的现状及发展. 冶金动力，2003，1：9 –13.

［18］ 邵玉良. 钢铁企业能源中心可行性研究. 钢铁，1996，31（增刊）：105 –108.

［19］ Valsalam S. R. , Muralidharan V. Implementation of energy management system for an integrated steel plant, Proceedings of Energy Management and Power Delivery, 1998（2）：661 –666.

［20］ 判治洋一，范锤利. 采用大规模 DCS 系统的现代化能源中心. 冶金能源，1993，12（5）：43 –47.

［21］ Stark R. J. Computerized energy management in an integrated steel plant. Proceedings of the 1984 American Control Conference, 1984, 2：638 –643.

［22］ Ramani B. , Subramonian T. Energy management system in Bhilai steel plant-implementation and future enhancements, Electricity Conservation Quarterly, 1997, 18（2）：3 –9.

［23］ Valsalam S. R. , Muralidharan V. Implementation of energy management system for an integrated steel plant, Proceedings of Energy Management and Power Delivery, 1998（2）：661 –666.

［24］Larsson M. , Dahl J. Reduction of the specific energy use in integrated steel plant-the effect of an optimization model, ISIJ International, 2003, 43 (10): 1664 – 1673.

［25］Worrell E. , Price L. An integrated benchmarking and energy savings tool for the iron and steel industry, International Journal of Green Energy, 2006, 3 (2): 117 – 126.

［26］Jebaraj S, Dagl J, A review of energy models, Renewable and Sustainable Energy Reviews, 2006, 10 (11): 281 – 311.

［27］Larsson M. , Wang C. , Dahl J. Development of a method for analyzing energy environmental and economic efficiency for an integrated steel plant, Applied Thermal Engineering, 2006, 26 (13): 1353 – 1361.

［28］吴泾. 宝钢能源中心实时监控与信息管理系统开发. 能源技术, 1999, 4: 8 – 13.

［29］陈光, 陆钟武, 蔡九菊. 宝钢能源优化模型的研究. 冶金能源, 2003, 22 (1): 5 – 9.

［30］冯为民. 宝钢三期工程能源中心系统. 能源动力, 1997, 5: 1 – 5.

［31］陈尚恒, 苏利平, 龚伟. 强化计量检测管理提高煤气数据准确率. 工业计量, 2002, 1: 19 – 21.

［32］刘祥官, 李吉弯. 冶金生产过程的系统优化. 系统工程理论与实践, 1994, 6: 54 – 59.

［33］初明. 梅钢计算机能源管理系统介绍. 梅山科技, 2006 (12): 53 – 55.

［34］张娣, 李佳红. 现代化能源监控及管理系统的集成与应用, 2005 (4): 28 – 31.

［35］唐新义. 企业煤气平衡基本思路. 冶金能源, 2000, 19 (1): 10 – 14.

［36］陈尚恒，苏利平．强化计量监测管理提高煤气数据准确率．工业计量，2002，（1）：19-21．

［37］王鼎，方喆．能源中心在宝钢能源生产中的作用和发展趋势．中国冶金，2005（1）：21-23．

［38］冯晶，田小果．EMS系统在钢铁厂能源中心的应用．自动化与仪器仪表，2005（3）：16-19．

［39］邓万里，陈伟昌．宝钢高炉煤气系统平衡实践．宝钢技术，2003（2）：31-33．

［40］孙贻公．对大型钢铁联合企业煤气平衡问题的探讨．钢铁，2003，38（6）：59-64．

［41］赵立合，林秀贞，朱和杰．钢铁企业煤气系统优化管理模型及其应用．冶金能源，1994，13（6）：10-13．

［42］李业．预测学．广州：华南工学院出版社，1988．

［43］陈尚恒，苏利平．强化计量监测管理提高煤气数据准确率．工业计量，2002（1）：19-21．

［44］唐新义．企业煤气平衡基本思路．冶金能源，2000，19（1）：10-14．

［45］吴成忠，焦德美．用AR（p）动态模型预测高炉煤气发生量．冶金能源，1988，7（4）：48-51．

［46］Fukuda K.，Makino H.，Suzuki Y. Optimal energy distribution control at the steel works，IFAC Simulation of Control Systems. Vienna，Austria，1986：337-342．

［47］李雨膏．用时间序列分析预测焦炉煤气发生量．冶金自动化，1990，14（4）：57-58．

［48］戴朝晖．钢铁企业基于消耗预测模型的煤气自动平衡方法及其应用．中南大学硕士学位论文，2004．

［49］刘渺．钢铁企业主工序分厂煤气量预测方法研究．中南大学硕士学位论文，2006．

［50］汤振兴. 钢铁焦炉煤气产消及柜位预测方法与应用. 大连理工大学硕士学位论文, 2009.

［51］张琦, 谷延良, 提威. 钢铁企业高炉煤气供需预测模型及应用. 东北大学学报（自然科学版）, 2010, 31（12）: 1737－1740.

［52］邱东, 陈爽, 仝彩霞. 钢铁企业高炉煤气平衡与综合优化. 计算机技术与发展, 2009, 19（3）: 196－199.

［53］李文兵, 纪扬, 李华德. 钢铁企业煤气产生消耗动态模型研究. 冶金自动化, 2008, 32（3）: 28－33.

［54］李文兵, 李华德. 钢铁企业高炉煤气系统动态仿真. 冶金自动化, 2009, 33（2）: 33－51.

［55］李玲玲, 曹敏, 吴卫华. 基于多层递阶回归分析的轧钢煤气用量预测. 控制工程, 2004, 11（增刊）: 33－35.

［56］聂秋萍, 吴敏, 曹卫华. 一种基于消耗预测的钢铁企业煤气平衡与数据校正方法. 化工自动化及仪表, 2010, 37（2）: 14－18.

［57］梁青艳. 钢铁企业煤气供需动态预测问题的研究. 冶金自动化研究院硕士学位论文, 2009.

［58］姜曙光. 济钢能源中心煤气平衡预测模型研究. 山东大学硕士学位论文, 2009.

［59］济南钢铁集团总公司. 基于柜位预测的钢铁企业煤气动态平衡实时控制方法. 中国专利, 200710016562.5, 2008－01－26.

［60］熊永华. 煤气平衡认证分析系统应用软件的研究与开发. 中南大学硕士学位论文, 2006.

［61］Mousa Mohsen, Bilal Akash. Energy analysis of the steel making industry, International Journal of Energy Research, 1998, 22（12）: 1049－1054.

［62］Naoki H. , Yoshitshgu W. , Takeyoshi K. Minimizing energy consumption in industries by cascade use of waste energy, IEEE Transactions on Energy Conversion, 1999, 3（14）: 795－801.

［63］ Belyaev B. , Patrikeev V. Reduction the balance in gas distribution using the VMM algorithm, Measurement Techniques, 2002, 45 (3)：314 - 317.

［64］ Kouiss Khalid, Pierreaval Henri, Nasser Mebarki, Using multiagent architecture in FMS for dynamic scheduling, Journal of Intelligent Manufacturing, 1997, 8 (1)：41 - 47.

［65］ Blackstone J. , Philips D. , Hogg G. A state-of-the-art survey of dispatching rules for Manufactuing Job Shop Operations, International Journal of Operational Research, 1982, 20 (1)：27 - 46.

［66］ 王秀纯, 范锤利, 兆春民. 浅谈冶金企业煤气平衡. 中国冶金, 2005, 15 (8)：7 - 8.

［67］ 孙贻公. 对大型钢铁联合企业煤气平衡问题的探讨. 钢铁, 2003, 38 (6)：59 - 64.

［68］ 赵立合, 林秀贞, 朱和杰. 钢铁企业煤气系统优化管理模型及其应用. 冶金能源, 1994, 13 (6)：10 - 13.

［69］ 江文德. 钢铁企业能源动态平衡和优化调度问题研究和系统设计. 浙江大学硕士学位论文, 2006.

［70］ 明德廷. 钢铁企业煤气优化调度模型研究. 计算机工程与设计, 2008, 29 (6)：33 - 38.

［71］ 钱俊磊, 马晓峰, 杨志刚. 混沌系统基于 T - S 模糊模型的控制方法. 系统仿真学报, 2005, 12：2987 - 2990.

［72］ 钱俊磊. 钢铁企业煤气的预测与平衡. 北京科技大学硕士学位论文, 2008.

［73］ Akimoto K. , Sannomiya N. , Nishikawa Y. An optimal gas supply for a power plant using a mixed integer programming model, Automatica, 1991, 27 (3)：513 - 518.

［74］ Sinha G. P. , Chandrasekaran B. S. , Mitter N. Strategic and operational management with optimization at Tata steel, Interfaces, 1995,

25（1）：6-19.

［75］Kim J. H. ，YI H. S. ，Han C. Optimal byproduct gas distribution in the iron and steel making process using Mixed Integer Linear Programming, International Symposium on Advanced Control of Industrial Processes, 2002, 581-586.

［76］Kim J. H. ，YI H. S. ，Han C. Plant ~ wide multiperiod optimal energy resource distribution and byproduct gas holder level control in the iron and steel making process under varying energy demands, Process Systems Engineering, 2003, 15（2）：882-887.

［77］Kim J. H. ，YI H. S. ，Han C. A novel MILP model for plant-wide multiperiod optimization of byproduct gas supply system in the iron ~ and steel ~ making process, Chemical Engineering Research & Design, 2003, 81（8）：1015-1025.

［78］Kim J. H. ，Han C. H. Short-term multiperiod optimal planning of utility systems using heuristics and dynamic programming, Industrial & Engineering Chemistry Research, 2001, 40（8）：1928-1938.

［79］Haining Kong, Ershi Qi, Hui Li. An MILP Model for Optimization of Byproduct Gases in the Integrated Iron and Steel Plant［J］. Applied Energy. 2010, 87（7）：2156-2163.

［80］杨靖辉，蔡九菊. 煤气系统供需预测及剩余煤气优化分配. 东北大学学报（自然科学版）.

［81］孙良旭. 一种自适应差分进化算法在煤气分配中的应用. 钢铁研究学报.

［82］张建良，王妤. 钢铁企业煤气系统的优化利用模型. 包头钢铁学院学报，2002，21（3）：280-282.

［83］柯超. 钢铁企业煤气调度仿真系统的研究. 冶金自动化研究设计院硕士学位论文，2010.

［84］曾玉娇. 钢铁企业蒸汽系统的动态仿真研究. 冶金自动化

研究设计院硕士学位论文, 2010.

[85] Grish Bhave. Enhancing the effectiveness of the utility energy supply chain in intefrated steel manufacturing: [D]. West Virginia University, 2003.

[86] Iyer R. R. , Grossmann I. E. Optimal multiperiod operational planning for utility systems, Computers and Chemical Engineering, 1997, 21 (8): 787 – 800.

[87] Varbanov P. S. , Doyle S. Modelling and optimization of utility systems, Chemical Engineering Research and Design, 2004, 82 (5): 561 – 578.

[88] Han I. S. , Lee Y. H. , Han C. H. Modeling and optimization of the condensing steam turbine network of a chemical plant, Industrial & Engineering Chemistry Research, 2006, 45 (2): 670 – 680.

[89] Yi H. S. , Kim J. H. Periodical replanning with hierarchical repairing for the optimal operation of a utility plant, Control Engineering Practice, 2003, 11 (8): 881 – 894.

[90] Varbanov P. , Perry S. Synthesis of industrial utility systems: cost ~ effective carbonisation, Applied Thermal Engineering, 2005, 25 (7): 985 – 1001.

[91] 汝方济, 赵世杭, 华贲. 石化企业热能动力系统的优化调度. 石油炼制, 1993, 24 (7): 18 – 21.

[92] Nath R. , Kumaua D. , Holiday F. Optimum dispatching of plant utility systems: to minimize cost and local NO_x emissions, Proceeding of the Industrial Power Conference, 1992. 59 – 64.

[93] Yokoyama R. , Matsumoto K. Optimal sizing of a gas turbine cogeneration plant in consideration of its operational strategy, Journal of Engineering for Gas Turbines Power, 1994, 116 (1): 32 – 38.

[94] Papalexandri K. P. , Pistikopoulos E. N. Operation of a steam production network with variable demands modeling and optimization under

uncertainty, Computers & Chemical Engineering, 1996, 20 (Suppl pt A): 763 – 768.

[95] Lee M. H. , Lee S. J. Hierachical on-line data reconciliation and optimization for an industrial utility plant, Computers and Chemical Engineering, 1998, 22: 247 – 254.

[96] Strouvalis A. M. , Heckl I. An accelerated branch-and-branch algorithm for assignment problems of utility systems, Computers and Chemical Engineering, 2002, 26 (4 – 5): 617 – 630.

[97] Ueo Y. K. , Roh H. D. Optimal operation of utility system in petrochemical plants, Korean J. Chem. , 2003, 20 (2): 200 – 206.

[98] Cheung K. Y. , Hui C. W. Total-site scheduling for better energy utilization, Journal of Cleaner Production, 2004, 12 (2): 171 – 184.

[99] Cheung K. Y. , Hui C. W. Sakamoto H. , Short-term site-wide maintenance scheduling, Computers & Chemical Engineering, 2004, 28 (1): 91 – 102.

[100] Hui C. W. , Natori Y. An industrial application using mixed-integer programming technique: A multi ~ period utility system model, Computers and Chemical Engineering, 1996, 20 (suppl.): S1577 – 1582.

[101] Hui C. W. Determining marginal values of intermediate materials and utilities using a site model, Computers & Chemical Engineering, 2000, 24: 1023 – 1029.

[102] Hirata K. , Sakamoto H. Multi-site utility integration-an industrial case study, Computers and Chemical Engineering, 2004, 28 (1 – 2): 139 – 148.

[103] Zhang B. J. , Hua B. Effective MILP model for oil refinery-wide production planning and better energy utilization, Journal of Cleaner Production, 2007, 15 (5): 439 – 448.

[104] Francisco A. , Matos H. Multiperiod synthesis and operational

planning of utility system with environmental concerns, Computers and Chemical Engineering, 2004, 28 (5): 745 –753.

[105] 张冰剑, 华贲, 刘金平等. 石化企业蒸汽动力系统的多周期优化运行. 华北电力大学学报, 2005, 32 (2): 90 –92.

[106] 梁彬华, 王中华, 田宏斌. 炼油调度辅助决策系统开发与应用, 广东化工, 2006, 33 (5): 56 –59.

[107] 李树文. 炼油企业瓦斯气平衡, 辽宁化工, 2008, 37 (7): 496 –498.

[108] Zhang J. D., Rong G. An MILP model for multi-period optimization of fuel gas system scheduling in refinery and its marginal value analysis, Chemical Engineering Research & Design, 2008, 86 (2): 141 –151.

[109] Nishio M., Itoh J. A thermodynamic approach to steam-power system design, Industrial & Engineering Chemistry, Process Design and Development, 1981, 19 (2): 306 –312.

[110] Yoo Y. H. Modeling and simulation of energy distribution systems in a petrochemical plant, Korean J. Chem. Eng., 1996, 13 (4): 384 –392.

[111] 中国钢铁工业协会科技环保部. 中国钢铁工业能耗现状与节能前景. 冶金管理, 2004, 9: 15 –19.

[112] 陈道海. 马钢公司副产煤气回收利用效果及改进方向的研究. 南京理工大学硕士学位论文, 2004.

[113] 谷葵. 钢铁企业副产品煤气的合理使用. 江苏冶金, 2002, 30 (3): 6 –7.

[114] 胡新亮, 李会龙, 刘长云. 济钢煤气资源利用走节约型之路. 节能与环保, 2007, 11: 21 –24.

[115] 孟现俭, 周茂林, 龙海波. 莱钢转炉煤气系统研究与优化. 2003 中国钢铁年会论文集, 北京: 中国金属协会, 2003: 891 – 895.

[116] 纪日耿. 基于多 Agent 与集成优化的钢铁集成调度. 浙江大学硕士学位论文, 2010.

[117] 於春月. 钢铁一体化生产计划与调度优化问题研究. 东北大学博士学位论文, 2009.

[118] 王志刚. 冷轧生产优化调度问题研究与应用. 大连理工大学博士学位论文, 2010.

[119] 陈红萍, 王胜春. 煤气基础知识. 化学工业出版社, 2008.

[120] Madan S., Son W., Bollinger K. E. Application of data mining for power systems, Proceedings of the 1997 Canadian Conference on Electrical and Computer Engineering, Canada, 1997.

[121] Brierley P., Batty B. Neural data mining and modeling for electrical load prediction, IEEE Colloquium on Knowledge Discovery and Data Mining, 1998.

[122] Wang X. Z. Automatic classification for mining process operational data, Industrial Engineering & Chemical Research, 1998, 37: 2215 – 2222.

[123] Han J., Kamber M. Data Mining: Concepts and Techniques. San Fransisco: Morgan Kaufmann Publishers, 2001.

[124] Fayyad U., Piatetsky G., Smyth P. From data mining to knowledge discover: an overview, Advances in Knowledge Discovery and Data Minig, USA: AAAI/MIT Press, 1996.

[125] Brillinger D. R. Time series: data analysis and theory. San Francisco 2nd Edition, 1981.

[126] Fox A. J. Outliers in time series, Statist, 1972, 34: 350 – 363.

[127] Abraham B., Box G. E. P. Bayesian analysis of some outlier in time series, Biometrika, 1979, 66: 229 – 236.

[128] Knorr E., Ng R. Algorithms for mining distance based outli-

ers in large datasets. Proc of the 24th VLDB Conference, New York, USA, 1998: 392 – 403.

[129] Piegl L. A. , Tiller W. Algorithm for finding All K – nearest neighbors, Computer Aided Design, 2002, 34 (2): 167 – 172.

[130] Knorr E. , Ng R. A unified approach for mining outliers properties and computation. Newport Beach: Proceedings of International Conference Knowledge Discovery and Data Mining, 1997: 219 – 222.

[131] 郑斌祥, 杜秀华, 席裕庚. 一种时序数据的离群数据挖掘新算法. 控制与决策, 2002, 17 (3): 324 – 327.

[132] 杜元顺. 煤气时符合预测用的回归分析方法. 煤气与热力, 1982, (4): 26 – 28.

[133] 邓聚龙. 灰预测与灰决策. 武汉: 华中科技大学出版社, 2002: 1 – 6.

[134] Chen J. Y. Design of a stable grey prediction controller for nonlinear systems, The Journal of Grey System, 1996, 8 (4): 381 – 396.

[135] 焦文玲, 严铭卿, 廉乐明. 城市燃气负荷的灰色预测. 煤气与热力, 2001, 21 (5): 387 – 389.

[136] 王希勇, 张家彬, 袁宗明. 城市燃气长期负荷预测模型的灰色方法. 管道技术与设备, 2004, (6): 6 – 8.

[137] 严铭卿, 廉乐明, 焦文玲等. 燃气负荷及其预测模型. 煤气与热力, 2003, 23 (5): 259 – 262.

[138] 杜顺明. 煤气时负荷系统的短期预测. 煤气与热力, 1981, (5): 46 – 51.

[139] 焦文玲, 展长虹, 廉乐明等. 城市燃气短期负荷预测的研究. 煤气与热力, 2001, 21 (6): 483 – 486.

[140] Srinivasam D. Evolving artificial neural networks for short term load forecasting, Neurocomputing, 1998, 23: 265 – 276.

［141］Metaxiotis K., Kagiannas A., Askounis D. Artificial intelligence in short term electric load forecasting: A state-of-art survey for researcher, Energy Convers Manage, 2003, 44: 1525 – 1534.

［142］Yalcinoz T., Eminoglu U. Short term and medium term power distribution load forecasting by neural networks., Energy Conversion and Management, 2005, 46: 1393 – 1405.

［143］谭羽非，陈家新，焦文玲等．基于人工神经网络的城市煤气短期负荷预测．煤气与热力，2001，21（3）：199 – 202.

［144］杨昭，刘燕，苗志彬等．人工神经网络在天然气负荷预测中的应用．煤气与热力，2003（6）：331 – 332.

［145］刘涵，刘丁，郑岗等．城市天然气短期负荷预测研究．天然气工业，2005，25（7）：105 – 107.

［146］豆连旺，冯良．基于神经网络的城市燃气短期负荷预测．煤气与热力，2005，22（3）：10 – 14.

［147］肖久明．基于模糊逻辑技术的燃气负荷预测．煤气与热力，2004，24（10）：547 – 549.

［148］姚昭章．炼焦学．北京：冶金工业出版社，1983：84 – 98.

［149］易丹辉．数据分析与 Eviews 应用．北京：中国统计出版社，2002.

［150］James W. Taylor. Exponential smoothing with a damped multiplicative trend, International Journal of Forecasting, 2003, 19（4）: 715 – 725.

［151］Everette S., Gardner Jr. Exponential smoothing: The state of the art – Part II, International Journal of Forecasting, 2006, 22（4）: 637 – 666.

［152］Baki Billah, Maxwell L. King, Ralph D. Exponential smoothing model selection for forecasting, International Journal of Forecasting, 2006, 22（2）: 239 – 247.

[153] Sonia M. Bartolomei, Arnold L. Sweet. A note on a comparison of exponential smoothing methods for forecasting seasonal series, International Journal of Forecasting, 1989, 5 (1): 111 – 116.

[154] Robert M. Oliver. Exponential smoothing, Operations Research Letters, 1984, 3 (3): 111 – 117.

[155] Lorena Rosas, Vitor M. Guerrero. Restricted forecasts using exponential smoothing techniques, International Journal of Forecasting, 1994, 10 (4): 515 – 527.

[156] Cadenas E. , Jaramillo O. A. , Rivera W. Analysis and forecasting of wind velocity in chetumal using the single exponential smoothing method, Renewable Energy, 2010, 35 (5): 925 – 930.

[157] Ana Corberán – Vallet, José D. Bermúdez, Enriqueta Vercher. Forecasting correlated time series with exponential smoothing models, International Journal of Forecasting, 2011, 27 (2): 252 – 265.

[158] Modarres M. , Nasrabadi E. , Nasrabadi M. M. Fuzzy linear regression models with least square errors, Applied Mathematics and Computation, 2005, 163 (2): 977 – 989.

[159] Mohammad Mehdi Nasrabadi, Ebrahim Nasrabadi. A mathematical-programming approach to fuzzy linear regression analysis, Applied Mathematics and Computation, 2004, 155 (3): 873 – 881.

[160] Aldo Goia, Caterina May, Gianluca Fusai. Functional clustering and linear regression for peak load forecasting, International Journal of Forecasting, 2010, 26 (4): 700 – 711.

[161] Vincenzo Bianco, Oronzio Manca, Sergio Nardini. Electricity consumption forecasting in Italy using linear regression models, Energy, 2009, 34 (9): 1413 – 1421.

[162] Roohollah Noori, Amir Khakpour, Babak Omidvar. Comparison of ANN and principal component analysis-multivariate linear regression

models for predicting the river flow based on developed discrepancy ratio statistic, Expert Systems with Applications, 2010, 37（8）: 5856 – 5862.

［163］Bruce D. Baker, Craig E. Richards, A comparison of conventional linear regression methods and neural networks for forecasting educational spending, Economics of Education Review, 1999, 18（4）: 405 – 415.

［164］Pagowski M., Grell G. A., Devenyi D. Application of dynamic linear regression to improve the skill of ensemble-based deterministic ozone forecasts, Environment, 2006, 40（18）: 3240 – 3250.

［165］Zhang Yongjuan, Zhang Xiong. Grey correlation analysis between strength of slag cement and particle fractions of slag powder, Cement and Concrete Composites, 2007, 29（6）: 498 – 504.

［166］Jia Zhen – Yuan, Ma Jian – Wei, Wang Fu – Ji. Characteristics forecasting of hydraulic valve based on grey correlation and ANFIS, Expert Systems with Applications, 2010, 37（2）: 1250 – 1255.

［167］Khotanza. A., Maratuk, L. A self-artificial neutral network short-term load forecaster-generation three, IEEE Trans. on Power Systems, 1998, 13（4）: 1413 – 1422.

［168］Jyh-shing R. J. A. Adaptive network-based fuzzy in inference system, IEEE transactions on systems, Man and Bybernetics, 1996, 23（3）: 665 – 684.

［169］余雪丽，孙承意. 神经网络与实例学习. 北京: 中国铁道出版社, 1996: 145 – 160.

［170］闫滨. 大坝安全监控及评价的智能神经网络模型研究. 大连理工大学博士学位论文, 2006.

［171］王光政. 基于 Levenberg – Marquardt 算法的煤层突出危险性预测评价. 山东科技大学硕士学位论文, 2009.

[172] Kalaitzakis K., Starakakis G. S. Short-term load forecasting based on artificial neural networks parallel implementation, Electric power systems research, 2002, 63: 185 – 196.

[173] Cetin Karata, Adnan Sozen, Emrah Dulek. Neural network based temporal feature models for short-term railway passenger demand forecasting, Expert Systems with Applications, 2009, 36 (2): 3514 – 3521.

[174] Henry C. Co. Rujirek Boosarawongse, Forecasting Thailand's rice export: Statistical techniques vs. artificial neural networks, Computers & Industrial Engineering, 2007, 53 (4): 610 – 627.

[175] Tomonobu Senjyu, Hitoshi Takara. One-hour-ahead load forecasting using neural network, IEEE Transactions on Power Systems, 2002, 17 (1): 1l3 – 118.

[176] Simon Haykin. Neural networks, Tsinghua University Press, 2006.

[177] Satish Kumar. Neural networks, Tsinghua University Press, 2006.

[178] Simon Haykin. Neural networks a comprehensive foundation, Tsinghua University Press, 2001.

[179] Mukta Paliwal, Usha A. Kumar. Neural networks and statistical techniques: A review of applications, Expert Systems with Applications, 2009, 36 (1): 2 – 17.

[180] Heisler J., Glibert P. M., Burkholder J. M. Improving artificial neural networks' performance in seasonal time series forecasting, Harmful Algae, 2008, 8 (1): 3 – 13.

[181] Yu Lean, Lai Kin Keung, Wang Shouyang. Multistage RBF neural network ensemble learning for exchange rates forecasting, Neurocomputing, 2008, 71 (16 – 18): 3295 – 3302.

[182] 黄巧. 四川省电力需求预测. 西南交通大学硕士学位论文, 2007.

[183] 黄永福. 重庆市物流需求预测方法及其应用研究. 重庆交通大学硕士学位论文, 2009.

[184] Whitley D., Starkweather T., Bogart C. Genetic algorithms and neural networks: optimizing connections and connectivity, Parallel Computing, 1990, 14 (3): 355 - 361.

[185] Louis Gosselin, Maxime Tye - Gingras, Fran çois Mathieu - Potvin, Review of utilization of genetic algorithms in heat transfer problems, International Journal of Heat and Mass Transfer, 2009, 52 (9 - 10): 2169 - 2188.

[186] Hwang Shun - Fa, He Rong - Song. Improving real-parameter genetic algorithm with simulated annealing for engineering problems, Advances in Engineering Software, 2006, 37 (6): 406 - 418.

[187] Aryanezhad M. B. Hemati Mohammad, A new genetic algorithm for solving nonconvex nonlinear programming problems, Applied Mathematics and Computation, 2008, 199 (1): 186 - 194.

[188] Yasmin H. Said. On genetic algorithms and their applications, Handbook of Statistics, 2005, 24: 359 - 390.

[189] Bonnie Rubenstein Montano, Victoria Yoon, Kevin Drummey. Agent learning in the multi-agent contracting system [MACS], Decision Support Systems, 2008, 45 (1): 140 - 149.

[190] Chen Kai - Ying, Chen Chun - Jay. Applying multi-agent technique in multi-section flexible manufacturing system, Expert Systems with Applications, 2010, 37 (11): 7310 - 7318.

[191] Doniec Arnaud, Mandiau René, Piechowiak Sylvain. A behavioral multi-agent model for road traffic simulation, Engineering Applications of Artificial Intelligence, 2008, 21 (8): 1443 - 1454.

［192］Vengattaraman T. , Abiramy S. , Dhavachelvan P. An application perspective evaluation of multi-agent system in versatile environments, Expert Systems with Applications, 2011, 38（3）：1405 – 1416.

［193］Nemhauser G. L. , Wolsey L. A. Integer and Combinatorial Optimization, New York：Wiley, 1988.

［194］Bemporad A. , Morari M. Control of system integrating logical, Dynamics and Constraints, Automatica, 1999, 35：407 – 427.

［195］Tyler M. L. , Morari M. Propositional logical in control and monitoring problems, Automatica, 1999, 35：565 – 582.

［196］Sahinidis N. V. , Grossmann I. E. MINLP model for cyclic multiproduct scheduling on continuous parallel lines, Comp Chem Eng, 1991, 15：85.

［197］王朝晖，陈浩勋，胡保生. 用 Lagrangian 松弛法解化工批处理调度问题. 自动化学报，1998, 24（1）：1 – 8.

［198］王朝晖，陈浩勋，甘文泉. Multipurpose 批处理过程短期调度的滚动时域方法. 控制理论与应用，1998, 15（2）：567 – 574.

［199］李光华，陈昌领，邵惠鹤. 批处理过程优化调度研究综述. 化工自动化及仪表，2002, 29（5）：1 – 6.

［200］殷瑞钰. 中国需要什么钢铁业. 科技和产业，2004, 6：7 – 8.

［201］李京文，赵立祥. 钢铁工业生态化管理. 北京：方志出版社，2008.

［202］嵇因因，郑洪波，张树深. 循环经济与钢铁行业的可持续发展. 冶金能源，2006, 25（2）：7 – 10.

［203］殷瑞玉，张春霞. 钢铁企业功能拓展是实现循环经济的有效途径. 钢铁，2005, 40（7）：1 – 8.

［204］赵燕娜，朝霞. 我国大型钢铁企业可持续发展对策研究. 科学管理研究，2006, 24（4）：46 – 48.

[205] Bowen F. E. , Cousins P. D. Horse for courses: explaining the gap between the theory and practice of green supply, Greener Management International, 2001, 35: 41 – 60.

[206] Zilahy G. Organizational factors determining the implementation of cleaner production measures in the corporate sector, Journal of Cleaner Production, 2004, 12: 311 – 319.

[207] 杨洁. 环境成本内在化及其技术经济和政策评价. 技术经济与管理研究, 2000, (2): 37 – 38.

[208] Matteo Bartolomeo, Martin Bennett, Environmental management accounting in Europe, European Accounting Review, 2000, (1): 9 – 10.

[209] Haripriya G. S. Integrated environmental and economic accounting: an application to the forest resources in India, Environmental and Resource Economics, 2001, 19: 73 – 95.

[210] Richard S. J. Estimates of damage costs of climate change, Environmental and Resource Economics, 2002, 21: 47 – 73.

[211] Robert D. Green accounting for an externality, Pollution at a Mine, Environmental and Resource economics, 2004, 27: 409 – 427.

[212] Hilary Nixon, Impacts of motor vehicle operation on water quality in the US – cleanup costs and policies, Transportation Research Part D: Transport and Environment, 2007, 12 (8): 564 – 576.

[213] 甘泽广, 杨广汉, 李平安. 环境经济学概论. 西安: 西北工业大学出版社, 1987.

[214] Yuri J. Theory of accounting measurements, Sarasota: American Accounting Association, 1979.

[215] Robson M. , Turnot W. J. Proceedings of the institution of mechanical engineers, Journal of Power and Energy, 1994, 208 (3): 79 – 190.

[216] 戴文智. 石化企业蒸汽动力系统运行优化研究. 大连理工大学博士学位论文, 2010.

[217] 吴荻. 集成型循环经济模式研究. 大连理工大学博士学位论文, 2009.

[218] 八木裕之. 环境成本概念的分析. 会计, 1999, 156 (2): 258.

[219] Lars D. Environmental costs of mercury pollution, Science of the Total Environment, 2006, 368 (1): 352 – 370.

[220] Damigos D. An overview of environmental valuation methods for the mining industry, Journal of Cleaner Production, 2006, 14 (3 – 4): 234 – 247.

[221] Sulaiman A. The relations among environmental disclosure, environmental performance, and economic performance: a simultaneous equations approach, Accounting, Organizations and Society, 2004, 29 (5 – 6): 447 – 471.

[222] Austin Reitenga. Environmental regulation, capital intensity, and cross-sectional variation in market returns, Journal of Accounting and Public Policy, 2000, 19 (2): 189 – 198.

[223] Smit B. , Spaling H. Methods for cumulative effects assessment, Environmental Impact Assessment Review, 1995 (15): 81 – 103.

[224] Robert Costanza. The value of the world's ecosystem services and natural capital, Nature, 1997 (5): 253 – 259.

[225] Nobuyuki Sato, Tsutomu Okubo. Economic evaluation of sewage treatment processes in India, Journal of Environmental Management, 2007, 84 (4): 447 – 460.

[226] Mrtberg U. M. , Balfors B. Landscape ecological assessment: a tool for integrating biodiversity issues in strategic environmental assess-

ment and planning, Journal of Environmental Management, 2007, 82 (4): 457 – 470.

[227] Georg Muller, Gunter Stephan. Integrated assessment of global climate change with learning-by-doing and energy-related research and development, Energy Policy, 2007, 35 (11): 5298 – 5309.

[228] Claire A. Changes in attitudes about importance of and willingness to pay for salmon recovery in Oregon, Journal of Environmental Management, 2006, 78 (4): 330 – 340.

[229] 刘光中, 李晓红. 污染物总量控制及排污收费标准的制定, 系统工程理论与实践, 2001, 10: 107 – 114.

[230] 王金南. 排污收费理论学. 北京: 中国环境科学出版社, 1997.

[231] 舒型武. 应用费用最小法计算排污收费标准. 钢铁技术, 2003, 1: 42 – 44.

[232] Craig Deegan. Environmental disclosure and share price: a discussion about efforts to study this relationship, Accounting Forum, 2004, 28: 87 – 97.

[233] 魏学好, 周浩. 中国火力发电行业减排污染物的环境价值标准估算. 环境科学研究, 2003, 16 (1): 53 – 56.

[234] Bartelmus Peter. Integrated environmental and economic accounting-methods and applications, Journal of Official Statistics, 1993, 9 (1): 179 – 182.

[235] Peter A., Jana D. The willingness to pay to remove billboards and improve scenic amenities, Journal of Environmental Management, 2007, 85 (4): 1094 – 1100.

[236] Guleda Engin, Ibrahim Demir, Cost analysis of alternative methods for wastewater handling in small communities, Journal of Environmental Management, 2006, 79 (4): 357 – 363.

［237］Sinden J. A. Estimating the opportunity costs of biodiversity protection in the Brigalow Belt, New South Wales, Journal of Environmental Management, 2004, 70 (4): 351 – 362.

［238］毛虎军. 钢铁企业富余煤气的 q – g 预测法及其应用研究. 东北大学硕士学位论文, 2011.

［239］李鸿亮. 钢铁企业高炉煤气动态预测模型及应用. 东北大学硕士学位论文, 2014.

［240］李红娟. 钢铁企业高炉煤气发生量预测建模及应用. 系统仿真学报.

［241］张琦. 高炉煤气产生量与消耗量动态预测模型及应用. 哈尔滨工业大学学报.

［242］杨波. 基于 PSA – SVRM 模型的钢铁企业副产煤气消耗量预测. 过程工程学报.

［243］聂秋平. 基于灰色 RBF 神经网络的炼钢煤气消耗预测. 系统仿真学报.